Vasanth Priyan
Kiruthikaa Vasanthapriyan

Isolamento e caraterização de isolados fúngicos de úlcera da córnea

AF570958

Vasanth Priyan
Kiruthikaa Vasanthapriyan

Isolamento e caraterização de isolados fúngicos de úlcera da córnea

ScienciaScripts

Imprint
Any brand names and product names mentioned in this book are subject to trademark, brand or patent protection and are trademarks or registered trademarks of their respective holders. The use of brand names, product names, common names, trade names, product descriptions etc. even without a particular marking in this work is in no way to be construed to mean that such names may be regarded as unrestricted in respect of trademark and brand protection legislation and could thus be used by anyone.

Cover image: www.ingimage.com

This book is a translation from the original published under ISBN 978-620-2-05986-2.

Publisher:
Sciencia Scripts
is a trademark of
Dodo Books Indian Ocean Ltd. and OmniScriptum S.R.L publishing group

120 High Road, East Finchley, London, N2 9ED, United Kingdom
Str. Armeneasca 28/1, office 1, Chisinau MD-2012, Republic of Moldova, Europe
Printed at: see last page
ISBN: 978-620-7-90269-9

Copyright © Vasanth Priyan, Kiruthikaa Vasanthapriyan
Copyright © 2024 Dodo Books Indian Ocean Ltd. and OmniScriptum S.R.L publishing group

ÍNDICE

CAPÍTULO 1

INTRODUÇÃO

O olho é um importante órgão de perceção sensorial.[50] A córnea é uma estrutura clara, circular, transparente e contínua com a esclerótica, a junção entre as duas é chamada limbo.

Microscopicamente, a córnea é constituída por cinco camadas,[27][28]

(a) O epitélio da córnea com a sua membrana basal

(b) A camada de Bowman

(c) O estroma

(d) A membrana de Descemet

(e) O endotélio

A córnea é normalmente mantida livre de invasão microbiana devido ao epitélio intacto e ao efeito de limpeza das lágrimas. A ulceração da córnea é definida como qualquer rutura do epitélio intacto com infiltração e supuração do estroma subjacente, associada a sinais de inflamação,[7] sendo o organismo implantado a partir do exterior ou da flora conjuntival.[83] As excepções à regra são a Neisseria gonorrhea e a Corynebacterium diphtheria, que são capazes de invadir um epitélio intacto.[41]

As possíveis razões para a ulceração da córnea são,

(a) Traumatismo

(b) Infeção , que, mais uma vez, pode ser um organismo ou pode ser uma extensão do processo da doença a partir de outro tecido ocular

(c) Conjuntivite alérgica

(d) Doenças auto-imunes

Condições como trauma, terapia com esteróides e estados imunossupressores como a diabetes mellitus tornam a córnea suscetível a infecções bacterianas, fúngicas e parasitárias.[8]

Qualquer organismo tem o potencial de causar queratite microbiana e ulceração da córnea, dadas as condições adequadas e os factores de risco predisponentes. Um vasto espetro de organismos microbianos, como bactérias, vírus, fungos e parasitas, pode produzir úlceras infecciosas da córnea. Os isolados fúngicos habitualmente associados à ulceração infecciosa da córnea são as espécies Aspergillus, Penicillium e Fusarium. O agente etiológico comum da úlcera fúngica da córnea apresenta uma grande variação geográfica.[51]

A quebra do mecanismo de defesa da córnea permite a entrada de microrganismos para se alojarem no estroma da córnea. A ativação do complemento e a libertação de micotoxinas resultam em ulceração supurativa da córnea.[116]

A ceratite pode ser classificada como superficial e profunda.[27]

Keratitis

Superficial

Deep

Purulent (or) Suppurative
1.Pyogenic
2.Mycotic ulcer

Non-purulent
1.Dendritic ulcer
2.Chlamydial infection
3.Neurotrophic ulcers
4.lagophthalmic ulcer

Allergic & Phiyctenular keratitis

Immunologic peripheral ulcerative keratitis

Degerative
1.Athermatous ulcer
2.Moorens ulcer

Sceloring keratitis

Interstitial keratitis

Disciform keratitis

Intracorneal abscess

Os sinais de infecções estabelecidas da córnea incluem injeção bulbar, ulcerações da córnea, irite com formação de hipópio e envolvimento extenso do segmento posterior se não forem tratados.

A adesão, a entrada e a multiplicação do organismo numa córnea comprometida levam à libertação de factores quimiotácticos e toxinas e à acumulação de polimorfos. Se a infeção for detectada precocemente e tratada de imediato, antes de se propagar e envolver a membrana descemetária e o endotélio, ocorre a reparação e a cicatrização dos tecidos. Caso contrário, a membrana de Descemets, normalmente resistente, cede, o que pode resultar numa perfuração da córnea, com as complicações daí decorrentes. Os organismos produzem toxinas extracelulares que matam ou danificam o epitélio e o estroma da córnea, aumentando assim a aderência do organismo aos tecidos.[118]

A úlcera da córnea é uma emergência ocular que exige um tratamento imediato para garantir o melhor resultado visual para os doentes. Um diagnóstico clínico não dá uma indicação inequívoca do organismo causador, uma vez que uma grande variedade de organismos pode produzir um quadro clínico semelhante. Por conseguinte, a avaliação microbiológica desempenha um papel importante no diagnóstico e no tratamento da úlcera da córnea.

A avaliação microscópica direta dos esfregaços fornece informações imediatas sobre o organismo causador e é útil para iniciar a terapêutica antimicrobiana num curto espaço de tempo, sendo os agentes etiológicos confirmados e isolados por cultura, que é um método de referência no diagnóstico.[9]

A inflamação da córnea é considerada uma emergência e um evento que ameaça a visão, com base na virulência do organismo através da sua rápida progressão, produção de toxinas, propriedade de invasão em relação ao estado imunitário do doente. É necessária uma terapêutica empírica baseada em testes preliminares e a passagem para uma terapêutica específica com testes de suscetibilidade antimicrobiana.

A incidência da queratite infecciosa aumentou nos últimos anos devido à melhoria da técnica de diagnóstico microbiológico e à introdução de medidas terapêuticas como a utilização generalizada de antibióticos de largo espetro, antifúngicos e imunossupressores.[10]

A cegueira da córnea é um importante problema de saúde pública a nível mundial e a queratite infecciosa é uma das principais causas evitáveis.[10]

No Sudeste Asiático, de acordo com uma estimativa, 6,5 milhões de pessoas são afectadas e 1,3 milhões ficam cegas devido a úlceras infecciosas da córnea todos os anos. [64] A ulceração da córnea é comum no Sul da Índia e ocorre frequentemente após uma lesão superficial da córnea com material orgânico.

Na sua maioria, os agentes patogénicos fúngicos são oportunistas, apresentam uma vasta gama de resistência aos agentes antifúngicos e não são capazes de ultrapassar o problema com os agentes antifúngicos atualmente disponíveis. Assim, os testes de suscetibilidade antimicrobiana são obrigatórios para monitorizar a eficiência dos agentes antimicrobianos disponíveis e a emergência de resistência aos medicamentos entre os fungos que causam ulceração da córnea.

Tendo em conta a importância da ulceração da córnea e o seu impacto na visão, o presente estudo foi realizado para identificar os factores predisponentes das úlceras fúngicas da córnea, os agentes etiológicos e o padrão de suscetibilidade aos antifúngicos, em doentes que frequentam um hospital oftalmológico de cuidados terciários em Chennai.

CAPÍTULO 2

REVISÃO DA LITERATURA

Revisão histórica dos organismos causadores de infecções oculares:

O primeiro livro de texto sobre doenças oculares foi escrito por Antonio Scarpa em 1801 e traduzido para inglês em 1806.[41]

Durante 1851 -1856, Arlt estabeleceu a etiologia e a manifestação das doenças oculares.

Em 1879, Leber provou a etiologia microbiana da queratomicose, demonstrando o fungo causador em esfregaços directos, culturas e estudos experimentais, e foi-lhe atribuída a documentação do primeiro caso de queratite fúngica causada por Aspergillus glucus num trabalhador agrícola.[82][98]

Microbiologia do olho e das suas infecções:

A ulceração da córnea no mundo em desenvolvimento é uma epidemia silenciosa e a principal causa de morbilidade ocular e cegueira a nível mundial.

Os agentes etiológicos envolvidos na úlcera infecciosa da córnea podem ser classificados como bacterianos, fúngicos, virais e protozoários.[17]

Os agentes fúngicos são, [94][38]

(i) Hipomicetos hialinos:

(a) Espécies de Aspergillus

(b) Espécies de Acremonium

(c) Espécies de Penicillium

(d) Espécies de Fusarium

(e) Espécies de Pseudallescheria

(ii) Hipomicetos feoides:

(a) Aureobasidium pullulans

(b) Espécies de Alternaria

(c) Espécies de Bipolaris

(d) Espécies de Curvularia

(e) Espécies de Cladosporium

(iii) Fungos do tipo levedura:

(a) Candida albicans

(b) Candidakrusei

(c) Candidatropicalis

A ulceração micótica da córnea é considerada uma das principais causas de queratite nas regiões tropicais, incluindo a Índia.[71] Srinivasan *et al.* A queratite micótica é responsável por mais de 50% de todos os casos de micose ocular.[88]

A lista de espécies fúngicas associadas à ulceração da córnea era muito extensa, no entanto, algumas espécies revelaram-se mais agressivas e oportunistas, sendo responsáveis pela maioria das infecções registadas.[72]

Os estudos sobre a infeção microbiana do olho estão a aumentar no que diz respeito à redução da mortalidade e morbilidade devido a emergências oculares. A presença de fungos na úlcera de cornel parece variar não só de lugar para lugar, mas também em relação à ocupação.[90][29]

Particularmente as pessoas que trabalham com vegetação em decomposição, como feno bolorento na agricultura, são mais propensas a desenvolver úlcera infecciosa da córnea.[45] Um pequeno traumatismo no epitélio da córnea leva à implantação direta de esporos fúngicos que conduzem à úlcera da córnea.[52][73] Aparentemente, esta doença ocorre com mais frequência nos países em desenvolvimento do que nos países desenvolvidos.[91]

As espécies de Aspergillus são fungos filamentosos saprófitos hialinos que crescem facilmente em Ágar dextrose de Sabouraud.[91] Espécies de Aspergillus normalmente associadas a úlceras fúngicas da córnea em relação à matéria vegetativa. As colónias de Aspergillus fumigatus são aveludadas ou pulverulentas, de cor verde esfumada com reverso branco a castanho. O conidióforo é liso com fiálides unisseriadas que cobrem a metade superior da vesícula. As colónias de Aspergillus flavus são aveludadas, de cor amarela a verde. As fiálides são unisseriadas ou bisseriadas, mas cobrem toda a vesícula. As colónias de Aspergillus niger são inicialmente lanosas, de cor branca a amarela, tornando-se depois pretas escuras. Os fiálides são bisseriados, cobrindo toda a vesícula.

As colónias de Fusarium são felpudas a algodoadas devido ao micélio extenso e ao pigmento difusível produzido no reverso. Os conídios são produzidos isoladamente ou em bolas conidiais, hialinos e unicelulares ou com septos transversais. Os microconídios são unicelulares e os macroconídios são oblongos e cilíndricos, apresentando uma forma de feijão ou de presente.

Verificou-se também que as espécies de Fusarium são o principal agente patogénico fúngico na Flórida, Peruguay, Singapura, Nigéria, Tanzânia e Hong Kong. Este fenómeno pode ser explicado por diferenças no clima e no ambiente natural.

A curvulária apresenta um crescimento rápido, flocoso e castanho com preto no verso. Os conidióforos são simples, com conídios apicalmente. Os conídios são transversalmente septados e cilíndricos ou ligeiramente curvos. Gopinathan *et al.*, em 2002, Garg *et al.*, em 2000, e Leck *et al.*, em 2002, referiram que a Curvularia é a terceira causa mais importante de ceratite.

As colónias de Acremonium são geralmente de crescimento lento, frequentemente compactas e húmidas no início, tornando-se pulverulentas, semelhantes a camurça ou flocosas com a idade, e podem ser de cor branca, cinzenta, rosa, rosada ou laranja. As hifas são finas e hialinas e produzem, na sua maioria, fiálides simples, erectas e em forma de furador.

Os conídios são geralmente unicelulares (ameroconídios), hialinos ou pigmentados, globosos a cilíndricos e, na sua maioria, agregados em cabeças viscosas no ápice de cada fialide.[62]

Jagadish chandar *et al*, em 1993, registaram 8% de úlceras fúngicas da córnea causadas por espécies de Acremonium em Chandigarh.[40] Namrata kumara *et al*, em 2002, estudaram a queratite micótica em Patna e documentaram que foram isoladas 3,94% de espécies de Acremonium.[62]

As colónias de Penicillium são geralmente de crescimento rápido, em tons de verde, por vezes branco, consistindo principalmente num denso feltro de conidióforos. Microscopicamente, as cadeias de conídios unicelulares (ameroconídios) são produzidas em sucessão basipetal a partir de uma célula conidiogénica especializada denominada fiálide. O termo basocatenado é frequentemente utilizado para descrever estas cadeias de conídios em que o conídio mais jovem se encontra na extremidade basal ou proximal da cadeia. Em Penicillium, os fialídeos podem ser produzidos individualmente, em grupos ou a partir de metástulas ramificadas, dando uma aparência semelhante a uma escova, conhecida como apenicillus.[114]

Verenkar M P *et al*, em 1998, num estudo efectuado em Goa, referiram que 12,5% das úlceras da córnea apresentavam espécies de Penicillium.[100] Namrata kumara *et al*, em 2002, estudaram a queratite micótica em Patna e documentaram que foram isoladas 7,89% de espécies de Penicillium.[62]

Carmichael *et al.*, da África do Sul, estudaram cento e dez casos de úlceras da córnea, dos quais seis se revelaram positivos para o fungo.

Enquanto Ainley e Smith em 1965, Nema *et al* em 1966 e Srinivasa Rao e K.N.Rao em 1972 referiram que cerca de 25-30% dos seus grupos de estudo eram portadores de fungos nos seus sacos conjuntivais, Hammake e Ellis em 1960 referiram uma taxa inferior de 10,3% e Duke Elder em 1969 uma taxa realmente muito elevada de 83%. No entanto, os repórteres investigaram indivíduos que eram colhedores de arroz e trabalhadores.

Gupta *et al*, em 1991, efectuaram um estudo sobre a flora conjuntival de sessenta e dois doentes que sofriam de úlceras fúngicas da córnea e mostraram que quinze doentes (25%) apresentavam invasão fúngica.

Com a utilização crescente de agentes antimicrobianos, o padrão da flora normal e dos organismos infectantes sofreu alterações em todo o mundo. Outra caraterística interessante da etiologia microbiana da queratite é o seu padrão de endemicidade. Este facto é comprovado por relatórios de inquéritos realizados em todo o mundo. A incidência da queratite fúngica e as espécies de organismos que a causam variam de um local para outro.

Num estudo realizado por Liesegang e Foster no sul da Flórida em 1999[46] , que envolveu seiscentos e sessenta e três doentes, os isolados fúngicos contribuíram com 20,1% dos isolados, sendo as espécies de Fusarium as mais comuns e o Aspergillus o agente patogénico seguinte.[46]

Xie L *et al* 2006[101] estudaram as características epidemiológicas, os resultados laboratoriais e os resultados do tratamento em doentes com queratite fúngica no norte da China, afirmando que as espécies de Fusarium são o agente patogénico mais frequentemente isolado na queratite fúngica.

A Candida albicans foi o agente mais comum num estudo realizado no Willi's eye hospital, em Filadélfia, em maio de 2002.[113]

Liesegang e Foster em 1980[46] e Tanure *et al* em 2000[113] publicaram Candida albicans frequentemente associada a ulceração da córnea.

Um relatório sobre a ceratomicose de Winconsin, elaborado por Chin *et al*, refere que a espécie Candida foi o agente patogénico fúngico mais comum isolado,[32] sendo a espécie Aspergillus o isolado menos comum.

Na Índia, foram efectuados estudos microbianos sobre a úlcera da córnea em várias partes.[1] Estes estudos também demonstraram o padrão variável do organismo que causa as infecções da córnea. Espécies de Penicillium, Altemaria, Curvularia, Bipolaris, Acremonium e Aureobasidium foram isoladas frequentemente em estudos efectuados na maior parte da Índia e do Nepal.

Num estudo exaustivo efectuado por Upadhyay *et al.* no Nepal,[98] as espécies de Aspergillus foram o agente patogénico fúngico predominante e as espécies de Fusarium foram menos frequentemente isoladas.

Chowdhary *et al*, em 2005, estudaram o espetro da ceratite fúngica no Norte da Índia, incluindo a epidemiologia e os resultados laboratoriais dos fungos que causam ulceração da córnea.[12]

Poria *et al*, em 1995, em Jhamnagar, referiram que a espécie Fusarium foi o isolado fúngico predominante.[110]

Um estudo realizado na costa de Karnataka em 1992 publicou Aspergillus fumigates como o agente patogénico fúngico mais comum.[50]

Sood *et al.*, de Pondicherry, referiram que o Aspergillus fumigates era frequentemente isolado de úlceras da córnea.[82]

Philip A. Thomas *et al.*, de Trichirapalli, referiram que as espécies de Fusarium foram os fungos predominantemente isolados e as espécies de Cladosporium e Curvalaria foram menos frequentemente isoladas.[65]

Savithri Sharma *et al.*, de Madurai, registaram uma elevada prevalência de espécies de Fusarium entre os isolados.[84]

V.V.Pankajalaksmi *et al*, de Madras, no seu estudo sobre queratomicose, afirma que as espécies de Aspergillus foram o fungo mais comum isolado das úlceras da córnea. As espécies Curvularia, Dreschlera, Candida e Penicillium foram os outros fungos cultivados.[67]

Com o aperfeiçoamento das técnicas de cultura, imunologia e citologia, a disponibilidade de dados bem documentados também melhorou. Os ensaios e a utilização autêntica de novos medicamentos antifúngicos melhoram as vantagens diagnósticas e terapêuticas.[85]

Estas diferenças regionais são importantes do ponto de vista clínico, pois influenciam o método laboratorial a utilizar no isolamento dos agentes etiológicos e também o tipo de terapêutica inicial instituída pelo oftalmologista.

Epidemiologia da queratite:

A idade, o sexo, a profissão, o estatuto socioeconómico e o clima desempenham um papel importante na causa e na distribuição das infecções da córnea. Embora a queratite se encontre em todos os grupos etários, ocorre predominantemente entre os 30 e os 50 anos de idade.[86][66]

Os homens são mais frequentemente afectados do que as mulheres, mas na população agrícola a incidência pode ser igual ou superior nas mulheres.[53]

Verifica-se que a ocupação e a etiologia estão inter-relacionadas, sendo a incidência por sexo um dado associado. Datta L.C *et al*, em 1981, registaram uma grande variação entre as espécies de fungos isoladas de diferentes trabalhadores.[16]

O traumatismo ocular, particularmente com matéria vegetativa, é um fator predisponente bem conhecido nas úlceras fúngicas da córnea.[73][47] Muitas vezes, o episódio traumático que causa a rutura do epitélio abre caminho à entrada do agente patogénico. Os dados provenientes de um estudo retrospetivo de controlo de casos em Singapura sugeriram que a queratite micótica causada principalmente por Fusarium e Aspergillus estava frequentemente associada a traumatismos mecânicos.[47]

Os ambientes secos, poeirentos e ventosos têm um risco acrescido de microtraumas na córnea, o que resulta num aumento da incidência de queratite fúngica durante estas estações.

As deficiências alimentares também desempenham um papel importante na causa das úlceras da córnea, especialmente nas crianças dos países em desenvolvimento.

O uso de lentes de contacto parece ser o fator de risco mais importante para o desenvolvimento de queratite ulcerosa nos países desenvolvidos.[18][19]

Outros factores de risco incluem a utilização de corticosteróides tópicos,[10][90] cirurgia ocular prévia,[74] ausência de sensibilidade corneana devido a lepra e queratite herpética,[75] doença sistémica como a diabetes mellitus.[47] Wong *et al*, em 1997, relataram 25% dos casos de úlcera fúngica da córnea associados à exposição a corticosteróides. Um estudo experimental realizado por Albert P. Ley demonstrou que a cortisona aplicada a córneas de coelho traumatizadas na presença de fungos patogénicos resultou numa maior incidência de ceratomicose, contrariando assim a observação de Thygeson.[4] Panda *et al*, em 1997, e Gupta *et al*, em 1999, documentaram a ulceração da córnea após cirurgia ocular em dois casos de um total de 48 casos.

Patogénese :

Breakdown of corneal defence mechanisms

Portal of entry of microorganism

Leucocyte infiltration

Activation of complement

Release of toxin and proteins

Suppurative corneal ulceration

Os fungos são incapazes de penetrar no epitélio corneano intacto, pelo que qualquer traumatismo, particularmente a matéria orgânica, facilita a penetração dos inóculos fúngicos no estroma corneano. As hifas fúngicas invadem a úlcera da córnea até ao estroma. Ocorre necrose de coagulação associada a perda de queratócitos e alterações edematosas das fibras de colagénio. Formam-se lesões satélite em redor do local principal de envolvimento. Numa fase tardia do processo da doença, podem observar-se hifas na membrana de Descemet, envoltas em exsudados neutrofílicos densos de hipopiona.[37]

Multiplicam-se, causam necrose dos tecidos e provocam uma reação inflamatória. Podem penetrar na membrana intacta dos decaimentos e ganhar acesso à câmara anterior ou à câmara posterior, resultando em endoftalmite exógena.[60] As micotoxinas e as enzimas proteolíticas dos fungos aumentam o dano tecidular.[60] Hogan L.H *et al*, em 1996, analisaram os factores de virulência putativos de fungos de importância médica.[34] A imunidade mediada por células tem um papel claro na proteção contra infecções fúngicas.

Manifestações clínicas:

A apresentação clínica e os resultados do exame são preliminares no diagnóstico da úlcera fúngica da córnea. Os doentes apresentam geralmente queixas de dor, lacrimejamento, vermelhidão, fotofobia, diminuição da visão, geralmente unilateral, e visão turva. Ao exame, pode haver quemose conjuntival, congestão, secreção purulenta, hipópio e infiltração do estroma.[28][55]

Além disso, as características clínicas de apresentação específicas das úlceras fúngicas incluem uma infiltração branca acinzentada com margens emplumadas, textura rugosa e bordos elevados com placas endoteliais, lesões satélite[44] e pregas na membrana de Descemet. O estroma corneano circundante é edematoso. A presença de infiltrado pigmentado pode ser uma pista de diagnóstico importante para os fungos feóides.

TÉCNICAS DE DIAGNÓSTICO:

Muitas úlceras fúngicas não apresentam um padrão morfológico marcante e, muitas vezes, não é possível diferenciar clinicamente a queratite fúngica de outras infecções oculares.[21] Para determinar o organismo causador, a recolha meticulosa de amostras microbiológicas é de importância crucial.[61]

Colheita de amostras:

A raspagem da córnea é efectuada sob rigorosas precauções asépticas por um oftalmologista, utilizando uma lâmina estéril Bard Parker n.º 15[3] , após a aplicação de um anestésico local, como o cloridrato de lidocaína a 2%, a partir do bordo anterior da úlcera.[3]

A amostra foi colocada sobre uma lâmina para coloração e inoculada em ágar Sabouards dextrose com Gentamicina[48] e ágar de infusão de cérebro e coração com Gentamicina[61] para cultura. Denis M,O' Day e associação referem que o caldo BHI com Gentamicina é o meio útil para o isolamento de agentes patogénicos fúngicos de amostras de córnea.[20]

AVALIAÇÃO MICROSCÓPICA DE ESFREGAÇOS:

A. Montagem de hidróxido de potássio:

As raspas da córnea foram colocadas numa lâmina de vidro com KOH a 10% para ver os elementos fúngicos.

Em 1985, Arafia *et al.* referiram que a montagem em KOH era um método eficaz e fácil na deteção de fungos, em comparação com outras colorações fúngicas, e que se correlacionava com os relatórios de cultura.[30]

Em 1993, vajpayee *et al* relataram que a montagem húmida em KOH a 10% demonstra elementos fúngicos em 94,3% do total de casos positivos de cultura de ceratomicose. [illegible]

Em 1998, Sharma *et al.* referiram que a montagem em KOH a 10% era positiva em 100% dos casos comprovados por cultura.[921

Chowdhary *et al.*, em 2005, concluíram que o exame microscópico direto da montagem em KOH é uma modalidade de diagnóstico rápida, fiável e pouco dispendiosa, que facilitaria a instituição de uma terapia antifúngica precoce antes de os relatórios de cultura estarem disponíveis, revelando-se assim uma forma de poupar a visão.[1111]

Em 2007, Bharathi *et al* concluíram que o esfregaço de KOH tem um maior valor diagnóstico no diagnóstico da queratite fúngica.

Chandar *et al*, em 1993, referiram que os fungos podiam ser detectados no tecido da córnea por KOH em 71,4% dos casos de cultura positiva.

B. Coloração de Gram:

Esfregaços preparados por raspagem da córnea e coloração de Gram para observar as bactérias e células semelhantes a leveduras.[61]

No estudo efectuado por Sharma *et al.* em 1998, os fungos foram identificados em 86,4% dos casos com a preparação da coloração de Gram.[1921]

Bharathi *et al*, em 2006, registaram uma sensibilidade de 100% do procedimento de coloração de Gram no diagnóstico.[191]

C. Coloração com branco de calcofluor:

Trata-se de um corante têxtil incolor solúvel em água e de um branqueador fluorescente. Liga-se seletivamente à quitina e à celulose da parede celular dos fungos. Fluoresce a azul claro quando exposto à luz UV (346-365nm)[p61]

Ao raspado de córnea numa lâmina, adiciona-se 1 gota de branco de calcofluor a 0,1% com azul de Evans a 0,1% e 1 gota de KOH a 10%. Coloca-se uma lamela sobre a amostra e examina-se ao microscópio fluorescente. A morfologia dos elementos fúngicos mais pequenos foi melhor apreciada na montagem em branco de calcofluor.

Chandar *et al*, em 1993, referiram que os fungos podiam ser detectados no tecido da córnea através da coloração com calcofluor branco em 95,2% dos doentes, sendo a montagem em KOH e a cultura positivas em 89,6% dos doentes.

D. Coloração com Laranja de Acridina:

O corante laranja de acridina tem afinidade para o ácido nucleico. Quando os fungos são corados com este corante, o componente de ARN da célula fluoresce com tons de vermelho alaranjado e o componente de ADN da célula fluoresce a verde ao microscópio de fluorescência. O estudo de Kanungo *et al* em 1994 mostra que 76% dos isolados fúngicos comprovados em cultura demonstraram a coloração com laranja de acridina.[43]

CULTURA:

A cultura microbiana é considerada o padrão de ouro na deteção do organismo causador da úlcera da córnea.[56] As vertentes de SDA inoculadas com gentamicina foram incubadas aerobicamente a 25°c durante um período de 6 semanas. As culturas foram verificadas todos os dias durante a primeira semana e, posteriormente, duas vezes por semana. Observar o crescimento na placa com estrias em 'C'[46] e correlacionar com a morfologia da vertente SDA.

Isolados fúngicos identificados pelas características das suas colónias, morfologia em microscopia oblíqua e inversa, em montagem de azul de algodão com lactofenol[23] e cultura de lâminas.[22] **Montagem de azul de algodão com lactofenol:**

A montagem em azul de algodão com lactofenol foi utilizada para observar a disposição das hifas e dos conídios e concluir o crescimento fúngico com a cultura.[93] Thomas *et al*, em 1991, e Sharma *et al*, em 1998, documentaram a correlação da morfologia macroscópica com os achados microscópicos na montagem em LPCB. Kompa *et al*, em 1999, utilizaram a montagem em LPCB como um marcador sensível no diagnóstico.

Cultura de diapositivos:

A cultura de lâminas foi efectuada utilizando isolados. A cultura de lâminas é utilizada para estudar pormenores de morfologia não perturbados, particularmente a relação entre estruturas reprodutivas como conídios, conidióforos e hifas.[42][95] A cultura de lâminas de fungos foi efectuada em casos com morfologia duvidosa.[6]

O Método Adesivo para o Exame Microscópico de Fungos em Cultura foi utilizado para melhorar a identificação.[76]

TESTE DE SUSCEPTIBILIDADE ANTIFÚNGICA:

Uma vez que os padrões de resistência aos medicamentos antifúngicos habitualmente utilizados continuam a mudar, os testes de sensibilidade desempenham um papel importante tanto na gestão adequada de casos individuais com base nas características de suscetibilidade como na vigilância da comunidade.[61] A normalização dos testes de suscetibilidade in vitro fornece dados consistentes e reprodutíveis que prevêem a resposta clínica quando utilizados em conjunto com factores de risco individuais dos doentes. Um medicamento antifúngico ideal deve ter um largo espetro de atividade, deve ser eficaz in vivo e não deve existir resistência aos medicamentos.

A resistência in vitro pode ser primária e secundária. A resistência primária (intrínseca) ocorre quando o organismo era naturalmente resistente ao medicamento antifúngico. A resistência secundária (adquirida) ocorre quando o isolado que produz a infeção se torna resistente ao medicamento antifúngico durante o tratamento.

Idealmente, foram utilizados testes de suscetibilidade in vitro para,

1. Fornecer uma medida fiável das actividades relativas de dois ou mais medicamentos antifúngicos.
2. Correlacionar com a atividade in vivo e prever o resultado provável da terapia.
3. Fornecer um meio de monitorizar o desenvolvimento de resistência numa população de organismos normalmente susceptíveis.
4. Prever o potencial terapêutico de agentes de investigação recentemente descobertos.

Teste de suscetibilidade antifúngica realizado por,[57]

(a) Métodos à base de ágar:

1. MÉTODO DE DILUIÇÃO EM ÁGAR:[96]

O fármaco de várias concentrações foi adicionado ao declive do ágar nutriente e foi adicionada uma suspensão de 18 noculos. A CIM foi determinada como a concentração mais baixa do medicamento antifúngico que impedia o crescimento de colónias macroscopicamente visíveis em placas contendo o medicamento quando havia crescimento visível nas placas de controlo sem medicamento.

Para a determinação da CIM, foi utilizada a seguinte gama de concentrações do fármaco,

Ampotericina B: 0,0313-16μg/ml

Itraconazol: 0,0313-16 μg/ml

Fluconazol: 0,125-64 μg/ml (referência Jac Chanadar 526)

2. MÉTODO DE DIFUSÃO EM DISCO:

Este método é útil para testar in vitro o agente antifúngico contra a inoculação padrão do agente patogénico fúngico. O método de difusão em disco fornece um padrão de sensibilidade de um determinado agente patogénico fúngico em comparação com o tamanho da zona padrão. Método de referência para o teste de suscetibilidade por difusão em disco de fungos filamentosos, seguindo a diretriz aprovada M 51-A.[79]

3. MÉTODO E-TEST:

O teste E é um método comercial patenteado para a determinação da CIM. Neste método, uma tira de plástico calibrada impregnada com um gradiente de concentração de agente antifúngico é colocada sobre a superfície do ágar e a zona de inibição correspondente ao gradiente de concentração é registada. Inoue T *et al* documentaram o Etest na escolha de agentes adequados para tratar a queratite fúngica.[35]

(b) Métodos baseados em caldo :[24]

1. MÉTODO DE MACRODILUIÇÃO EM CALDO:

A macrodiluição em caldo foi efectuada em tubos de poliestireno estéreis de 6 ml com um volume final de 1 ml. Foram preparadas duas vezes as concentrações necessárias do fármaco e a suspensão conidial através de diluições em série de duas vezes.[77]

2. MÉTODO DE MICRODILUIÇÃO EM CALDO:

O subcomité de testes de suscetibilidade antifúngica do Instituto de Normas Clínicas e Laboratoriais (CLSI) desenvolveu um procedimento reprodutível para testes de suscetibilidade antifúngica de fungos filamentosos através de um documento M 38-A2 em formato de microdiluição em caldo para fungos filamentosos.[78] Recomenda a utilização de meio RPMI-1640 com glutamina sem bicarbonato suplementado com 0,2% de glucose e tamponado a um pH de 7,0 com 0,165 mol/L de MOPS (ácido 3-N-morfolinopropano sulfónico). A preparação do inóculo de suspensões de conídios ou esporangiósporos deve ser ajustada utilizando um espetrofotómetro numa gama de $0,4x10^4$ a $5X10^4$ CFU/ml para obter os dados de CIM mais reprodutíveis. São efectuadas diluições padrão em série de duas vezes na gama de concentrações a testar.

3. MÉTODO COLORIMÉTRICO:

Os sais de tetrazólio podem penetrar rapidamente nas células intactas e diretamente na membrana subcelular com atividade de desidrogenase, onde são convertidos num derivado de formazan colorido que pode ser medido espectrofotometricamente a 550 nm. Tellier et al., em 1992, apresentaram 56% de positividade no seu estudo.[97] Pfaller e Barry, em 1994, utilizaram o Alamar blue, um indicador colorimétrico que muda de cor de azul para vermelho.[68]

Outros métodos de diagnóstico:

(i) Quando os esfregaços e a cultura da córnea são negativos e a queratite não responde à terapia antifúngica, é necessário efetuar uma queratectomia diagnóstica ou uma biopsia da córnea para estabelecer o diagnóstico.

A amostra da biopsia da córnea deve ser enviada para o laboratório para esfregaços e culturas. Uma parte substancial deve ser submetida a exame histopatológico. O exame histopatológico dos botões da córnea pode revelar a presença de elementos fúngicos em 75% dos doentes.

(ii) A citologia de impressão e a microscopia confocal são outros instrumentos de diagnóstico que não são utilizados por rotina. A microscopia confocal é um procedimento novo e não invasivo em que é possível obter uma visão a quatro dimensões das estruturas internas a nível celular. Zhonghua *et al* 1999 documentaram 31 de 43 doentes com queratite fúngica com uma taxa de positividade de 96,9% por microscopia confocal.[102]

(iii) Deteção de metabolitos fúngicos por cromatografia líquida em fase gasosa.[36]

(vi) Citometria de fluxo :

A citometria de fluxo fornece os resultados em 6 horas. Ramani e Chaturvedi, em 2000, comunicaram a suscetibilidade antifúngica de agentes patogénicos fúngicos por citometria de fluxo.[80]

SEROLOGIA:

1. DETECÇÃO DE ANTICORPOS:

A produção de anticorpos depende do fator hospedeiro, do fungo causador e do tipo de infecções. Coleman e Kaufman, em 1972, encontraram precipitina em 82% dos casos comprovados de úlcera fúngica da córnea.[119] Foi desenvolvido um ensaio radioimuno de fase sólida para a medição de anticorpos, que foi utilizado no estudo de Marier *et al* em 1999.[120] Foi também desenvolvido um ELISA baseado em anticorpos monoclonais para a deteção dos níveis de anticorpos do fungo que causa a úlcera da córnea.

2. DETECÇÃO DE ANTIGÉNIOS:

O teste serológico para a deteção de antigénios tem um valor limitado nas fases iniciais da infeção, em doentes com imunidade diminuída ou em que a resposta imunitária não é suficiente para elevar um nível significativo de anticorpos. Foi utilizado o teste de aglutinação de partículas de látex para a deteção do antigénio. O ensaio radioimuno (RIA) mostra uma sensibilidade de 70-80% no estudo efectuado por Talbot *et al* em 1987.[121] Sabetta *et al.*, em 1985, demonstraram a presença de antigénio através de um ensaio imunoenzimático (EIA) em cinco de seis casos imunocomprometidos com infeção fúngica invasiva.[122]

DIAGNÓSTICO MOLECULAR:

Reação em cadeia da polimerase:

A amplificação da reação em cadeia da polimerase pode ser utilizada para detetar a presença de apenas 10 organismos por 100 ml de volume de amostra clínica. A PCR é utilizada para detetar o segmento de ADN específico do fungo que codifica o citocromo P450L A_{11} , o gene da quitina sintase e o gene do ARN 18S.

Thomas G. Mitchell *et al*, em 2002, documentaram os fungos patogénicos por PCR Multiplex diretamente a partir das culturas.

Deteção de fungos em raspagens de córneas infectadas através de um ensaio baseado na reação em cadeia da polimerase (PCR) para amplificar uma porção do gene do ribossoma 18S fúngico no estudo de P A Gaudio *et al em* 2002.[31]

As raspagens da córnea são processadas para extração de ADN, que é amplificado por iniciadores específicos de fungos da região espaçadora transcrita interna 1 (ITS 1). Os produtos são sequenciados e analisados por polimorfismo de conformação de padrão único (SSCP) para identificação das espécies.[55]

Manish kumar *et al.*, em 2005, relataram no seu estudo o diagnóstico sensível e rápido da queratite micótica com base na reação em cadeia da polimerase através do polimorfismo de conformação de padrão único.[55]

Deteção e identificação do agente patogénico fúngico por PCR e por ITC2 e tipagem do ADN ribossómico na infeção ocular por Consuelo Ferrer *et al* em 2001.

P.A. Gaudio *et al.*, em 2002, concluíram que a PCR é promissora como meio de diagnóstico da queratite fúngica e oferece algumas vantagens em relação aos métodos de cultura, incluindo uma análise rápida e a capacidade de analisar amostras.

Recentemente, foram desenvolvidos novos ensaios de PCR em tempo real visando a ITS2 (região espaçadora transcrita interna 2) fúngica para a deteção e diferenciação de espécies de Aspergillus e Candida de importância médica, utilizando um instrumento de ciclador de luz.[13]

Terapia com células estaminais:

A terapia com células estaminais é uma modalidade terapêutica emergente nos últimos anos no domínio da medicina. Um estudo realizado pelo departamento de córnea da Vision Research Foundation, Chennai, em modelo animal (coelho), mostra que o transplante de células epiteliais autólogas do limbo cultivadas em polímero termo-reversível Mebiol Gel pode restaurar uma superfície epitelial ocular quase normal nos olhos.[89]

Outro estudo realizado pela Vision research foundation, Chennai, em colaboração com o Nichi-in centre for regenerative medicine, Chennai, em 2009, relatou a utilização de um andaime, por exemplo, membrana amniótica humana, colagénio, polímero para restaurar a visão no olho danificado, transplantando as células estaminais do limbo do olho saudável para o olho danificado.[69]

Tratamento da úlcera da córnea:

Natamicina 5% suspensão, Ampotericina B é utilizada por via oral no tratamento da úlcera da córnea. Os azóis e a flucitocina são geralmente utilizados como agentes alternativos em úlceras avançadas.[63]

Mohan *et al*, em 1989, obtiveram uma taxa de sucesso de 64,7%, quando o miconazol a 1% foi utilizado para tratar a queratite com esfregaço positivo.[59]

O Fluconazol e o Itraconazol orais têm uma boa penetração intraocular com poucos efeitos adversos em comparação com outros azóis.[21]

Os agentes mais recentes, como os triazóis (posaconazol, ravuconazol), as equinocandinas, os derivados de sodarina e as nikkomicinas, melhorarão o tratamento da úlcera fúngica da córnea.[26]

Tratamento cirúrgico da úlcera da córnea:

O desbridamento frequente da córnea com uma espátula é útil, pois elimina os organismos fúngicos e o epitélio e aumenta a penetração dos agentes antifúngicos tópicos.[21]

Embora a base do tratamento inicial da queratite grave continue a ser a terapia antimicrobiana agressiva, o papel da intervenção cirúrgica atempada sob a forma de queratoplastia terapêutica[117] deve ser considerado em doentes com doenças graves em fase terminal. O momento da cirurgia é fundamental. A cirurgia deve ser efectuada no prazo de 4 semanas após a apresentação. A ceratoplastia terapêutica pode tratar eficazmente as úlceras de córnea infecciosas refractárias graves.[87]

CAPÍTULO 3

FINALIDADE E OBJECTIVO DO ESTUDO

1. Descobrir o espetro de agentes patogénicos fúngicos que causam úlceras da córnea nos doentes atendidos num hospital de cuidados terciários, em Chennai.

2. Para tentar estabelecer a etiopatogénese destas infecções.

3. Identificar os factores predisponentes para as úlceras fúngicas da córnea.

4. Avaliar a eficácia dos métodos de cultura directos e de enriquecimento para o isolamento de agentes patogénicos da córnea.

5. Estudar o padrão de sensibilidade dos isolados fúngicos aos fármacos antifúngicos normalmente utilizados.

CAPÍTULO 4

MATERIAIS E MÉTODOS

O estudo foi realizado para conhecer o espetro e a etiopatogénese dos organismos fúngicos que causam ceratite e para avaliar a técnica de cultura no isolamento de fungos que causam úlcera da córnea.

O grupo de estudo era constituído por 160 doentes que frequentavam a clínica de córnea do Govt. Regional Institute of Ophthalmic Hospital, Chennai, durante o período de junho de 2009 a maio de 2010.

CRITÉRIOS DE INCLUSÃO:

1. Os doentes têm úlcera da córnea comprovada no exame clínico, frequentando a clínica da córnea
2. Foram incluídos no estudo tanto pacientes externos como internos.
3. Doente em tratamento de úlcera da córnea com acompanhamento
4. Doentes no pós-operatório de cirurgia ocular com suspeita de úlcera da córnea iminente.

RECOLHA DE ESPÉCIMES:

Foi obtido o consentimento escrito dos participantes (ou) tutores do estudo, depois de lhes ter sido dada uma explicação completa sobre o estudo em curso na sua língua local. O estudo foi submetido ao Comité de Ética Institucional e obteve a aprovação para a sua realização. Todos os dados recolhidos foram mantidos confidenciais.

Espécimes colhidos de doentes com úlcera da córnea e de doentes em seguimento de úlcera da córnea. Foi obtido o consentimento informado dos doentes e os dados foram recolhidos de acordo com o formulário. Foram recolhidos fragmentos de córnea para investigação.

1. O doente foi deitado confortavelmente numa marquesa.

2. O olho afetado foi limpo com soro fisiológico estéril utilizando compressas estéreis.

3. Aplicou-se xilocaína estéril a 2% no olho, tendo o cuidado de não a aplicar em demasia, uma vez que pode inibir o crescimento do organismo.

4. Foi tomado cuidado para que as pálpebras não contaminassem as amostras. Sempre que necessário, foi utilizado um espéculo ocular.

5. Os doentes receberam instruções relevantes relativamente à posição e à restrição do movimento do globo ocular durante o procedimento de raspagem.

6. Foram utilizadas lâminas Parker n.º 15 para raspar a úlcera. Foi utilizada uma nova lâmina esterilizada para cada doente.

7. Materiais obtidos do bordo de ataque e da base de cada úlcera

As raspas foram recolhidas e tratadas da seguinte forma,

(a) A amostra foi colocada em duas lâminas de microscópio esterilizadas para montagem em KOH a 10% e coloração de Gram.

(b) Inocular as amostras em duas lâminas de ágar dextrose de Sabouraud (modificação de Emmons) com antibióticos (Gentamicina) sem Cicloheximida.

(c) As amostras foram semeadas em forma de "C" numa placa de ágar dextrose de Sabouraud.

(d) Espécime inoculado em caldo de infusão cérebro-coração com gentamicina.

PROCESSAMENTO DE AMOSTRAS:

1. **MONTAGEM EM HIDRÓXIDO DE POTÁSSIO:**

O material de raspagem foi transferido para uma lâmina de vidro limpa, sobre a qual foram aplicadas uma ou duas gotas de KOH estéril a 10% e coberta com uma lamela limpa sem introdução de bolhas de ar, tendo sido examinada com uma objetiva de baixa e alta potência para detetar a presença de elementos hifais e formas conidiais dos isolados fúngicos. O KOH digere o material proteico e retém a parede celular polissacárida do fungo. Os resultados serão posteriormente correlacionados com o relatório de cultura.

2. **PMEAR DIRECTO**:

O material de raspagem da córnea foi transferido para uma lâmina com uma gota de solução salina normal estéril. O esfregaço foi efectuado com uma ansa bacteriológica estéril. O esfregaço foi deixado secar ao ar e fixado pelo calor. O esfregaço preparado foi corado pelo método de Gram e examinado com uma objetiva de imersão em óleo, observando-se a presença de polimorfos, células mononucleares, células epiteliais, bactérias (Gram positivas e Gram negativas), células semelhantes a leveduras, se presentes, e anotando-se a sua natureza e número relativo. O agente patogénico bacteriano foi identificado e tratado.

3. **MÉTODO DE CULTURA:**

A cultura microbiana é considerada o padrão de ouro na deteção do organismo causador das úlceras da córnea. A lâmina de Bard Parker contendo o material de raspagem foi ligeiramente deprimida no meio, de modo a que a amostra ficasse na superfície. Em seguida, foi semeada com uma ansa de arame esterilizada e incubada aerobicamente a 25°c.

As culturas microbianas foram consideradas significativas,

(a) Se for observado o crescimento da mesma espécie de fungo em mais do que um meio

(b) Se se registou um crescimento confluente no local de inoculação em meio sólido.

(c) O crescimento foi consistente com os achados microscópicos (montagem em KOH, coloração de Gram)

(d) Se o mesmo organismo tiver sido cultivado a partir de raspagens repetidas dos doentes.

Os isolados de fungos foram identificados através do estudo da morfologia das colónias na vertente SDA, da cor das colónias, da produção e disposição dos conídios na preparação corada pela montagem LPCB.

Quando a identificação foi difícil devido a esporulação inadequada, foi utilizada a técnica de cultura em lâmina de Riddles.

No caso da levedura, a identificação e a especiação foram efectuadas através da morfologia da coloração de Gram, do teste do tubo germinativo, da morfologia em ágar farinha de milho e do teste bioquímico através da técnica microbiológica padrão.

EXAME DOS MEIOS INOCULADOS:

Observar o crescimento de colónias nos declives da SDA e anotar a descrição; se não for adequado, reincubar. Os declives da SDA foram examinados diariamente durante a primeira semana e duas vezes por semana durante as 3 semanas seguintes. Se não houver crescimento após 6 semanas, devem ser eliminados.

Para observar a turvação no BHIB com gentamicina, examinou-se uma montagem húmida para detetar elementos fúngicos e células semelhantes a leveduras e subcultivou-se em SDA (sem ciclohexímida) e incubou-se aerobicamente a 25°c.

COLORAÇÃO AZUL DE ALGODÃO COM LACTOFENOL :

O crescimento fúngico retirado do declive do SDA com uma espátula e transferido para uma lâmina de vidro limpa, adicionando-se duas a três gotas de reagente azul de algodão Lactofenol sobre o crescimento fúngico. Utilizando agulhas de provocação, o crescimento espalha-se sobre a lâmina e coloca-se uma lamela sem prender bolhas de ar. Observar a morfologia das hifas e dos conídios ao microscópio e correlacionar com a macroascopia.

MÉTODO DE CULTURA DE LÂMINAS DE ENIGMAS:

Este método foi utilizado para estudar os pormenores morfológicos não perturbados dos fungos, particularmente a relação entre estruturas reprodutivas como conídios, conidióforos e hifas. A cultura de lâminas de fungos foi efectuada em casos com morfologia duvidosa.

1. Colocar um pedaço redondo de papel de filtro no fundo de uma placa de Petri esterilizada. Colocou-se um par de varetas de vidro finas em cima do papel de filtro para servir de suporte a uma lâmina microscópica de vidro de 3 polegadas x 1 polegada. Colocar 3-4 lamelas na placa de Petri e esterilizá-las como um todo.

2. Cortar um bloco quadrado de 1x1 cm de SDA de uma placa de Petri utilizando um bisturi esterilizado e transferir o bloco de ágar para uma lâmina de microscópio.

3. Inocular os quatro lados do bloco de ágar com uma colónia do fungo a estudar, utilizando um fio de nicrómio de calibre pesado.

4. Cobrir o bloco de ágar com uma lamela esterilizada no petrídeo

5. Humedecer o papel de filtro com água esterilizada e colocar a tampa no recipiente.

6. A placa de Petri foi incubada à temperatura ambiente e a cultura foi examinada periodicamente para verificar o seu crescimento.

7. Quando um crescimento parecia estar visualmente maduro, a lamela foi cuidadosamente levantada da superfície do ágar com um par de pinças, tendo o cuidado de não perturbar o micélio aderente ao fundo da lamela.

8. A lamela foi colocada sobre uma pequena gota de LPCB numa segunda lâmina de vidro. Do mesmo modo, o micélio aderente à superfície da lâmina de vidro original, após a remoção do bloco, foi também corado com LPCB e foi colocada uma lamela nova.

9. A forma e disposição características das hifas e conídios foram observadas microscopicamente.

Os micélios que aderem à superfície do vidro apresentam normalmente um aspeto microscópico caraterístico que pode ser perdido se for utilizada uma agulha, como acontece nas montagens de rotina em LPCB. A cultura em lâmina foi também diretamente colocada ao microscópio de baixa potência.

A preparação com fita de celofane passou a ser mais utilizada para ultrapassar os obstáculos do consumo de tempo e da necessidade de equipamento adicional para preparar a cultura em lâmina. Coloca-se suavemente um pedaço de fita sobre uma parte da colónia fúngica e levanta-se lentamente para remover uma área da LPCB numa lâmina de microscópio e cobre-se com uma lamela. Esta preparação torna-se numa cultura de lâminas instantânea, revelando a relação das várias estruturas fúngicas.

TESTE DO TUBO GERMINATIVO:

A vertente SDA mostra colónias de cor creme, lisas e pastosas após 3-4 dias de incubação. A cultura de Candida albicans é tratada com 0,5 ml de soro de mamífero de bovino fetal, ovino ou humano normal e incubada a 37°c durante 2-4 horas. Coloca-se uma gota de suspensão numa lâmina e examina-se ao microscópio. Os tubos germinativos são vistos como longas projecções tubulares que se estendem das células de levedura. Crescem na extremidade distal. Não há constrição no ponto de ligação à célula de levedura. Os tubos germinativos formam-se em duas horas de incubação em Candida albicans. A preparação não deve ser incubada durante mais de 4 horas porque outras leveduras produtoras de hifas podem começar a germinar para além deste tempo.[123]

TESTES DE SUSCEPTIBILIDADE INVITRO:

O National Committee for Clinical laboratory Standards (NCCLS) M-38 A que descreve os parâmetros padrão para testar a CIM de agentes estabelecidos contra fungos filamentosos.

Os testes de suscetibilidade antifúngica estão a receber atenção com o aparecimento de novos medicamentos antifúngicos. No entanto, os testes de suscetibilidade dos fungos filamentosos não são tão aconselhados como os testes de suscetibilidade. Os testes de suscetibilidade in vitro devem fornecer uma medida fiável da atividade relativa do agente antifúngico, correlacionar-se com a atividade in vivo e prever o resultado provável da terapia, fornecer um meio para monitorizar o desenvolvimento de resistência e prever o potencial terapêutico de novos medicamentos.

O ensaio de suscetibilidade in vitro dos fungos é influenciado por uma série de variáveis técnicas, tais como o tamanho e a preparação dos inóculos, a composição e o pH do meio, a duração e a temperatura da incubação e a determinação do ponto final da CIM. Além disso, existem problemas exclusivos dos fungos, como as suas taxas de crescimento lento e a capacidade de alguns deles crescerem como leveduras com blastocinidia ou como bolores com uma variedade de conídios, dependendo do pH, da temperatura e da composição do meio.

MÉTODO DE DIFUSÃO EM DISCO:

1.1 PREPARAÇÃO DO NOCULUM:

A colónia fúngica a ser testada foi cultivada em placas de ágar dextrose de batata a 35°c para induzir a formação de conídios e esporangiósporos. Após 7-10 dias de incubação com esporos bem desenvolvidos, a cultura foi retirada para teste.

1. Foram adicionados 5 ml de solução salina estéril a 0,85% ao tubo de cultura e a suspensão foi feita

sondando suavemente as colónias com a ponta de uma pipeta Pasteur.

2. Com a ajuda de pipetas esterilizadas, a solução salina com conídios foi transferida para um tubo esterilizado com tampa de rosca.

3. O tubo é então agitado em vórtice durante 30 segundos a um minuto. Deixar o tubo repousar à temperatura ambiente durante 5 a 10 minutos para que as partículas mais pesadas se depositem.

4. As suspensões homogéneas superiores foram recolhidas e as densidades das suspensões conidiais foram lidas e ajustadas a uma densidade ótica (DO) que variou entre 0,09 e 0,11 para as espécies de Aspergillus e 0,15 e 0,17 para as espécies de Fusarium, utilizando um espetrofotómetro a 530 nm, com uma absorvância de 65-70%.

5. Estas suspensões foram diluídas 1:50 em meio RPMI1640.

6. A concentração final dos conídios deve ser de 0,2-1X10^4 cfu/ml.

7. O procedimento de preparação do inóculo foi o mesmo para os métodos de diluição em ágar e diluição em caldo.

2. MÉDIO:

O teste de difusão em disco foi realizado em placas de ágar Muller-Hinton suplementadas com 2% de glicose e 0,5 µg/L de azul de metileno.

3. PROCEDIMENTO:

Toda a superfície seca do ágar foi uniformemente espalhada em três direcções diferentes com uma zaragatoa de algodão estéril mergulhada na suspensão de inóculos. A placa foi deixada a secar durante 20 minutos. Utilizando um par de pinças esterilizadas por chama, os discos antifúngicos foram aplicados na superfície da placa inoculada. As placas foram incubadas a 35°c durante 48 horas. As placas foram lidas às 24 e 48 horas.

Foram utilizados os seguintes discos antifúngicos comerciais da Hi-Media.

Ampotericina B 20 µg

Itraconazol 10µg

Fluconazol 25µg

Cetoconazol 30µg

Nistatina 50µg

As seguintes estirpes padrão foram testadas de cada vez para garantir o controlo de qualidade.

Aspergillus flavus ATCC 204304

Aspergillus fumigates ATCC 204305

4. INTERPRETAÇÃO:

Os diâmetros das zonas foram medidos até ao milímetro inteiro mais próximo no ponto em que se verificou uma redução proeminente do crescimento. Os resultados foram comparados com o método de Brothmicrodiluição para os respectivos isolados fúngicos.

MÉTODO DE DILUIÇÃO EM ÁGAR:

1. MÉDIO:

O método de diluição em ágar foi realizado em placas de ágar Nutriente ou ágar Muller-Hinton suplementadas com 2% de glicose e 0,5 µg/L de azul de metileno.

2. PROCEDIMENTO E INTERPRETAÇÃO:

1. Deitar 1,8 ml de ágar nutriente fundido em tubos de ensaio esterilizados e deixar arrefecer a 50°c.
2. 0,2 ml de diluições do fármaco a partir da solução-mãe adicionados em concentração decrescente ao declive NA.
3. Adicionam-se 10 µl de inóculos padronizados a todos os tubos, exceto ao tubo de controlo da esterilidade.

4. Tubos incubados a 30°c durante 2 dias.

5. Visualização macroscópica do crescimento.

6. A concentração mais baixa do fármaco que não permitiu um crescimento macroscopicamente visível após 2-3 dias é considerada para a CIM.

MÉTODO DE MICRODILUIÇÃO EM CALDO

PREPARAÇÃO DO MEIO DE CRESCIMENTO:

1. O meio completamente sintético Rosewell Park Memorial Institute - 1640 (RPMI- 1640) suplementado com 0,3 g de L-glutamato por litro, sem bicarbonato de sódio, foi utilizado como meio de crescimento em testes de suscetibilidade antifúngica. O meio deve ser tamponado a um pH de 7,0 ± 0,1 a 35°c.

2. O tampão utilizado foi o MOPS (ácido 3-N-morfolinopropano sulfónico) com concentração final de 0,165 mol/L com ph de7,0.

3. O RPMI1640 foi dissolvido em MOPS. A solução final é esterilizada por filtração através de um filtro de membrana e armazenada a 4°c.

4. O mesmo meio foi utilizado para a preparação das diluições dos medicamentos.

PREPARAÇÃO DA DILUIÇÃO DO MEDICAMENTO:

1. As diluições do fármaco foram preparadas de acordo com o esquema de diluição aditiva dupla do fármaco descrito no método NCCLS M38-A.

2. As soluções-mãe dos fármacos foram primeiro diluídas para 100x a concentração final em dimetilsulfóxido (DMSO) a 100% e posteriormente diluídas 1:50 em meio 2x para obter a concentração 2x do fármaco. A concentração final do fármaco foi de 32 a 0,03µg/ml para a Ampotericina B e de 16 a 0,015 µg/ml para o Itraconazol. O fluconazol foi dissolvido em água destilada estéril e a concentração final do fármaco foi de 2 a 256 µg/ml.

3. Estes volumes foram ajustados de acordo com o número total de ensaios necessários. Como haverá uma diluição 1:2 do medicamento quando combinado com o inóculo, as soluções antifúngicas de trabalho

foram 2 vezes mais concentradas do que a concentração final.

INOCULAÇÃO EM MEIO RPMI - 1640:

1. A inoculação é efectuada numa placa de microtítulo estéril de 96 poços com fundo plano.
2. Cada poço é inoculado com 100 μl da suspensão de conídios.
3. Adicionam-se a cada alvéolo 100 μl de fármacos diluídos, de forma correspondente.
4. O poço de controlo do crescimento é inoculado apenas com 200 μl de suspensão conidial diluída com o meio de crescimento sem quaisquer antifúngicos.
5. O poço de controlo da esterilidade é inoculado com 200 μl do meio de cultura sem qualquer conídio.
6. Todas as placas de microtitulação são incubadas a 35° C durante 48 horas sem agitação e a avaliação é efectuada após quatro dias de incubação.

MIC DE LEITURA :

(1) O teste é lido quando o controlo de crescimento mostra um crescimento adequado, o que normalmente acontece em 24-48 horas para a maioria dos bolores, mas pode demorar até 96 horas.

(2) Leia as CIMs no primeiro dia em que o controlo de crescimento mostra crescimento e depois 24 horas mais tarde. Pontue da seguinte forma.

(1)0 = opticamente claro

(3) 1+ = ligeiramente turvo

(4) 2+ = redução proeminente da turvação em comparação com a do controlo de crescimento sem medicamentos

(5) 3+ = ligeira redução da turvação em comparação com a do controlo de crescimento sem medicamentos

(6) 4+ = sem redução da turvação em comparação com a do controlo de crescimento sem medicamentos.

ANÁLISE ESTATÍSTICA:

Foi efectuada uma análise estatística utilizando o pacote estatístico para as ciências sociais (SPSS) e o software Epi-info por um estatístico. Os dados proporcionais do estudo transversal foram testados utilizando o teste de análise do qui-quadrado de Pearson e o teste de proporção binomial.

CAPÍTULO 5

QUADRO DE RESULTADOS

TABELA 1 POSITIVIDADE DA CULTURA NAS AMOSTRAS DE RASPAGEM DA CÓRNEA N=160

Total no. samples collected	No. of Culture positive samples	Percentage of culture positivity
160	97	60.6%

QUADRO 2
DISTRIBUIÇÃO POR GÉNERO DA ÚLCERA INFECCIOSA DA CÓRNEA N=160

Gender	Total No. of cases	No. of culture positives	Percentage
Male	95	61	64.21%
Female	65	36	55.38%

O género masculino tem uma maior incidência de queratite, provavelmente devido à sua profissão.

QUADRO 3
DISTRIBUIÇÃO ETÁRIA DA ÚLCERA INFECCIOSA DA CÓRNEA N=160

Age (Years)	Total No. of cases	No.of culture positives		Percentage of cases on total culture positive
		Males	Females	
<10	-	-	-	-
11-20	6	2	1	3.0%
21-30	17	4	2	6.1%
31-40	26	10	4	14.4%
41-50	43	16	10	26.8%
51-60	50	24	16	41.2%
>60	18	5	3	8.2%

A prevalência de ulceração da córnea foi mais comum no grupo etário dos 51-60 anos.

TABELA 4 DISTRIBUIÇÃO DOS FACTORES PREDISPONENTES QUE CAUSAM A ÚLCERA DA CÓRNEA

Gender	Total No. of cases	Culture positive	Traumatic origin	Percentage
Male	95	61	28	45.9%
Female	65	36	12	33.3%

TABELA 5 DISTRIBUIÇÃO DA ÚLCERA DE CÓRNEA ENTRE OS CASOS TRAUMÁTICOS

Nature of trauma	Male	Female	Total	percentage
Vegetative matter	11	5	16	40%
Dust	4	2	6	15%
Insect bite	5	2	7	17.5%
Stone	2	1	3	7.5%
Iron particle	1	-	1	2.5%
Thermal injury	2	-	2	5%
Cows tail	2	1	3	7.5%
Iatrogenic trauma	1	1	2	5%
Total (Trauma cases)	28	12	40	100%

Entre os casos traumáticos, o material vegetativo e a picada de inseto constituem mais de metade dos casos.

QUADRO 6
DISTRIBUIÇÃO DOS FACTORES DE PREDISPOSIÇÃO PARA ALÉM DO TRAUMA

Non traumatic origin	Male	Female	Percentage
H/O Steroid intake (topical & inhalational)	4	2	10.5%
H/O prior antifungal use Follow up cases	7	3	17.54%
Postoperative (cataract, keratoplasty)	2	1	5.2%
Leprosy	1	-	1.7%
Bells palsy	1	-	1.7%
Native medicine installation	-	2	3.5%

TABELA 7
DISTRIBUIÇÃO DOS AGENTES FÚNGICOS CAUSADORES DE ÚLCERA DA CÓRNEA

Fungal Agent	Total isolates	No. of isolates		Percentage
		Male	Female	
Aspergillus fumigates	27	18	9	27.83%
Aspergillus flavus	18	11	7	18.55%
Penecillium species	16	9	7	16.49%
Aspergillus niger	13	8	5	13.4%
Fusarium species	10	7	3	10.3%
Curvularia species	6	3	3	6.18%
Acremonium species	3	2	1	3.09%
Candida albicans	4	3	1	4.12%

QUADRO 8

POSITIVIDADE DO ESFREGAÇO ENTRE ISOLADOS DA CÓRNEA

Gender	Total No. of specimens	10%KOH positivity	Gram stain positivity (yeast like cells)
Male	95	62	2
Female	65	34	-

QUADRO 9

TESTE DE DESPISTAGEM COM HIDRÓXIDO DE POTÁSSIO A 10%

10 % KOH Mount	Culture		Total
	Positive	Negative	
Positive	94	2	96
Negative	3	61	64
Total	97	63	160

Sensibilidade: TP/(TP+FN) = 96,9%

Especificidade: TN/(TN+FP) = 96,8%

TABELA 10 TESTE DE SUSCEPTIBILIDADE ANTIFÚNGICA MÉTODO DE DIFUSÃO EM DISCO

Organism	No. of isolates	Ampho B (20µg) S>15mm	Itraconazole (10µg) S>23mm	Voriconazole (1µg) S>17mm
Aspergillus fumigates	27	15 (55%)	18 (66%)	19(70%)
Aspergillus flavus	18	14 (77%)	16 (88%)	17 (94%)
Aspergillus niger	13	10 (76%)	13 (100%)	13 (100%)
Penecillium species	16	10 (62.5%)	16 (100%)	16 (100%)
Fusarium species	10	6(60%)	9 (90%)	8 (80%)
Curvularia species	6	4 (66%)	6 (100%)	6 (100%)
Acremonium species	3	3 (100%)	3 (100%)	3 (100%)
Candida albicans	4	3 (75%)	4 (100%)	4 (100%)

75% (3/4) de Candida albicans foram sensíveis ao Fluconazol (Fu 25µg) com tamanho de zona >19mm. outros isolados fúngicos foram resistentes (<15mm) ao Fluconazol.

QUADRO 11 CONCENTRAÇÃO INIBITÓRIA MÍNIMA AMPOTERICINA B MÉTODO DE DILUIÇÃO EM ÁGAR

Organism	0.25µg	0.5µg	1µg	2µg	4µg	8µg	16µg	32µg	64µg
Aspergillus fumigates	2	4	7	2	4	3	1	3	1
Aspergillus flavus	3	4	4	3	2	1	1	-	-
Aspergillus niger	2	5	2	1	2	1	-	-	-
Penecillium species	-	4	2	4	3	2	1	-	-
Fusarium species	-	1	3	2	3	-	1	-	-
Curvularia species	-	1	1	2	2	-	-	-	-
Acremonium species	-	2	1	-	-	-	-	-	-

QUADRO 12 CONCENTRAÇÃO INIBITÓRIA MÍNIMA ITRACONAZOL MÉTODO DE DILUIÇÃO EM ÁGAR

Organism	0.125µg	0.25µg	0.5µg	1µg	2µg	4µg	8µg	16µg
Aspergillus fumigates	-	4	4	7	3	4	3	2
Aspergillus flavus	2	3	5	4	2	2	-	-
Aspergillus niger	2	4	4	2	1	-	-	-
Penecillium species	1	3	6	5	1	-	-	-
Fusarium species	-	2	4	2	1	1	-	-
Curvularia species	1	2	3	-	-	-	-	-
Acremonium species	-	-	3	-	-	-	-	-

TABELA 13
CONCENTRAÇÃO INIBITÓRIA MÍNIMA AMPOTERICINA B
MÉTODO DE MICRODILUIÇÃO EM CALDO

Organism	0.25µg	0.5µg	1µg	2µg	4µg	8µg	16µg	32µg	64µg
Aspergillus fumigates	2	3	6	3	5	3	3	2	-
Aspergillus flavus	3	4	3	4	2	2	-	-	-
Aspergillus niger	4	3	3	1	1	1	-	-	-
Penecillium species	2	2	4	3	3	2	-	-	-
Fusarium species	1	1	3	3	1	1	-	-	-
Curvularia species	1	2	-	1	2	-	-	-	-
Acremonium species	-	2	1	-	-	-	-	-	-

TABELA 14
CONCENTRAÇÃO INIBITÓRIA MÍNIMA DO ITRACONAZOL
MÉTODO DE MICRODILUIÇÃO EM CALDO

Organism	0.125 µg	0.25µg	0.5µg	1µg	2µg	4µg	8µg	16µg	32µg
Aspergillus fumigates	-	5	4	6	3	4	4	1	-
Aspergillus flavus	1	3	5	4	3	1	1	-	-
Aspergillus niger	2	5	5	1	-	-	-	-	-
Penecillium species	2	4	4	5	1	-	-	-	-
Fusarium species	1	2	3	1	2	2	-	-	-
Curvularia species	1	2	2	1	-	-	-	-	-
Acremonium species	-	2	1	-	-	-	-	-	-

QUADRO 15

COMPARAÇÃO DE MIC NA DILUIÇÃO EM ÁGAR E NA MICRODILUIÇÃO EM CALDO

Drug concentration	Ampotericin B MIC <2µg		Itraconazole MIC <2µg	
Organism	Agar Dilution Method	Broth microdilution Method	Agar Dilution Method	Broth microdilution Method
Aspergillus fumigates	15	14	18	18
Aspergillus flavus	14	14	16	16
Aspergillus niger	10	11	13	13
Penecillium species	10	11	16	16
Fusarium species	6	8	9	8
Curvularia species	4	4	6	6
Acremonium species	3	3	3	3
	63.9%	67%	83.5%	82.47%

QUADRO 16 CONCENTRAÇÃO INIBITÓRIA MÍNIMA AMPOTERICINA B MÉTODO DE MICRODILUIÇÃO EM CALDO

Organism	MIC range	MIC $_{50}$	MIC $_{90}$	Percentage
Aspergillus species	0.0313-8	1	2	67.2%

Penecillium species	0.125-16	1	4	68.75%
Fusarium species	0.25-64	1	4	80%
Curvularia species	0.25-19	0.5	4	66%
Acremonium species	0.125-8	0.5	2	100%

QUADRO 17 CONCENTRAÇÃO INIBITÓRIA MÍNIMA ITRACONAZOL MÉTODO DE MICRODILUIÇÃO EM CALDO

Organism	MIC range	MIC_{50}	MIC_{90}	Percentage
Aspergillus species	0.0313-32	0.5	2	81.2%
Penecillium species	0.0625-4	0.25	1	100%
Fusarium species	0.0625-8	0.5	4	80%
Curvularia species	0.0313-4	0.25	1	100%
Acremonium species	0.125-2	0.25	1	100%

CAPÍTULO 6

RESULTADOS

Foi selecionado para o estudo um total de 160 doentes com úlcera infecciosa da córnea. 97 casos tinham cultura positiva (60,6%). (Tabela 1)

Os casos foram analisados segundo os seguintes parâmetros.

Foi analisada a distribuição por idade e sexo da úlcera infecciosa da córnea. Foram estudados 95 homens e 65 mulheres entre estes doentes. (Tabela 2) Verificou-se que 88,7% (142/160) dos casos se situavam no grupo etário dos 10-60 anos e 31,25% (50/160) dos casos no grupo etário dos 51-60 anos. Os extremos do grupo etário registaram uma baixa prevalência. (Tabela 3)

Considerando a distribuição por sexo, 61 (64,21%) pacientes do sexo masculino e 36 (55,38%) do sexo feminino apresentaram cultura positiva. Verificou-se uma elevada prevalência de úlceras fúngicas da córnea no sexo masculino, contribuindo para 64,21% dos casos. (Tabela 2)

A distribuição por idade e sexo dos pacientes, juntamente com a cultura positiva para fungos, foi mostrada na Tabela 2 e 3. A partir disso, parece que a incidência máxima de ulceração fúngica infetada da córnea foi na quinta década.

A distribuição urbana e rural dos casos revelou uma maior prevalência de úlcera fúngica da córnea na população rural, que representou 68,2% dos casos. Foram implicados numerosos factores predisponentes no desenvolvimento da úlcera infecciosa da córnea, dos quais o traumatismo contribuiu sozinho para 41,23% dos casos. (A administração de esteróides, a pós-cirurgia ocular e a instalação de medicamentos nativos são responsáveis por 23,71% dos casos de origem não traumática de úlcera fúngica infecciosa da córnea. (Tabela 6). A relação da influência dos vários factores predisponentes no isolamento dos agentes patogénicos da córnea foi apresentada nas Tabelas 5 e 6.

Ao analisar a contribuição de diferentes lesões traumáticas na úlcera fúngica da córnea, o traumatismo com material vegetativo, como arroz, folha, madeira e foram implicados em 37,5% dos casos. (Tabela 5).

O presente estudo foi realizado durante o período de junho de 2009 a maio de 2010. A incidência de ulceração da córnea devida a fungos foi mais frequente durante os meses quentes, secos e ventosos.

Entre os isolados fúngicos, 58 dos 97 (59,7%) casos eram devidos a espécies de Aspergillus, e o agente seguinte mais comum isolado foi a espécie Penicillium (16,49%), seguida por espécies de fusarium (10,3%), espécies de curvularia (6,18%), espécies de Acremonium (3,09%), espécies de Candida (4,12%). A distribuição das espécies de fungos categorizadas na Tabela 7.

A preparação de KOH a 10% utilizada como teste de rastreio para o diagnóstico rápido da úlcera fúngica da córnea apresentou uma sensibilidade de 96,9% e uma especificidade de 96,8%. A partir da Tabela 8, é evidente que, das 96 amostras que revelaram a presença de elementos fúngicos na preparação de KOH, 2 foram negativas para cultura. Das 64 amostras que não revelaram a presença de elementos fúngicos na montagem em KOH, 3 apresentaram um relatório de cultura positivo.

O padrão de suscetibilidade antifúngica dos isolados fúngicos através do teste de difusão em disco mostrou que 40,7% de Asp.fumigatus , 66% de Asp.flavus , 76% de Asp.niger, 56% de espécies de Penicillium, 40% de espécies de Fusarium eram sensíveis à anfotericina B. 70% de Asp.fumigatus, 83% de Asp.flavus , 92% de Asp.niger, 93% de Penicillium spp,70% de Fusarium eram sensíveis ao itraconazol. 75% das espécies de Candida foram sensíveis ao Fluconazol. (Quadro 10).

CIM de Ampotericina B pelo método de diluição em ágar, 39/58 (67,2%) espécies de Aspergillus apresentaram CIM inferior a 2µg/ml. Entre as espécies de Aspergillus, Asp.flavus e Asp.niger apresentam uma gama de sensibilidade elevada em comparação com Asp.fumigatus. As espécies de Penicillium apresentam CIM inferior a 2 µg em 62,5% (10/16) dos isolados. As espécies de Curvularia apresentam uma sensibilidade de 66% (4/6) e as espécies de Acremonium apresentam uma sensibilidade de 100% para a ampotericina B.

CIM de Itraconazol pelo método de diluição em Agar, os isolados mostraram alta faixa de sensibilidade em comparação com a Ampotericina B. 82% (47/58) das espécies de Aspergillus, 90% (9/10) das espécies de Fusarium mostram menos de 2µg/ml de valor de CIM para Itraconazol. As espécies Penicillium, Curvularia e Acremonium apresentam 100% de sensibilidade ao Itraconazol.

A determinação da CIM pelo método de microdiluição em caldo também mostra o intervalo de CIM comparável ao método de diluição em ágar. 70% das espécies de Aspergillus, 75% das espécies de Penicillium, 66% das espécies de Fusarium apresentam um intervalo sensível de CIM à Ampotericina B. Para o Itraconazol, 79% (46/58) das espécies de Aspergillus apresentam CIM inferior a 2µg/ml. Foi observado um intervalo de sensibilidade de 100% nas espécies

Penicillium, Curvularia e Acremonium. Foi observada uma boa correlação entre o método de diluição em ágar e o método de microdiluição em caldo.

CAPÍTULO 7

DISCUSSÃO

A ulceração fúngica infecciosa da córnea é uma doença que ameaça a visão com uma morbilidade ocular significativa devido à sua etiologia variada. A menos que os agentes etiológicos sejam correcta e prontamente identificados e o tratamento instituído o mais cedo possível, podem resultar em danos permanentes na córnea com perda permanente da visão.

Os espécimes para processamento foram colhidos das úlceras por raspagem, o que dá melhores resultados.

Nos últimos 20 anos, foram efectuados numerosos estudos, tanto na Índia como no estrangeiro, sobre a ulceração infecciosa da córnea. Em todos estes estudos, observou-se que existe um espetro variável de agentes envolvidos e de factores de predisposição em diferentes regiões geográficas. Em 2002, Bharathi M J e Ramakrishnan R estudaram a influência dos factores de risco, do clima e da variação geográfica da úlcera da córnea no sul da Índia (Tirunelveli) e concluíram que[191]

O presente estudo mostrou os seguintes resultados. Das 160 úlceras da córnea estudadas em pormenor, 97 casos revelaram positividade da cultura, o que representa 60,6%, o que é semelhante ao estudo de Geetha K V et al em 2002,[11041] , que revelou 78% de positividade da cultura. Bharathi M J et al em 2002[ñ] e Khanal B et al em 2005[11051] relataram 70% e 67,8% de positividade da cultura nos seus estudos, respetivamente.

Embora os indivíduos de qualquer grupo etário possam desenvolver a lesão, as pessoas de determinados grupos etários são mais afectadas. Neste estudo, verificou-se que a úlcera fúngica da córnea é menos comum nos extremos da vida e que o grupo etário mais frequentemente afetado foi o dos 5th anos.

Esta observação está bem correlacionada com o estudo de Bharathi M J et al , 2003,[pι] , que registou uma maior prevalência entre os doentes com mais de 50 anos. O estudo de Chandar J et al , 1994,[11061] também mostrou uma maior prevalência de úlcera da córnea infetada no grupo etário dos 51-60 anos. Parmar P *et al*, em 2006, documentou a prevalência de extremos de idade no seu estudo, que mostra uma elevada gravidade e uma baixa prevalência.[1701]

Houve uma preponderância do sexo masculino, constituindo dois terços da população estudada. Achados semelhantes foram observados no estudo de Chowdhary et al, 2005,[1121] que revelou maior prevalência (68%), entre os homens. Basak Samar K et al 2005,[1101] e Lixen xie et al 2006[11111] também registaram uma preponderância masculina nos seus estudos. Em contraste, Kottigadde Subbannayya et al , 1992[11071] relataram uma maior incidência (27%) em mulheres do que em homens (19%).

L.C.Dutta et al,[1161] V.C.Poria et al,[11101] Sood et al[1821] estudos correlacionam-se com o estudo atual. Poucos outros estudos mostram uma incidência igual em ambos os sexos (Mohan et al,[1581] Upadhyal et al,[1981] Halder K K et al[33]).

A grande variação observada entre os relatórios sobre o espetro de fungos que causam ulceração da córnea pode dever-se a factores como o ambiente, os hábitos e a ocupação dos indivíduos, a estação do ano durante a qual os estudos foram realizados, a natureza dos factores predisponentes, a utilização de antimicrobianos, esteróides e medicamentos nativos para tratar as infecções oculares e a duração da lesão.

A distribuição rural e urbana dos doentes com úlcera da córnea neste estudo revelou uma maior prevalência de úlceras da córnea infectadas (65,4%) em pessoas que vivem em áreas rurais. Este facto foi semelhante ao estudo de Basak samara K et al, 2005,[1101] , no qual 78,5% dos doentes eram de zonas rurais. O estudo de Bharathi M J et al 2003,[171] e Chander J et al, 1994,[11061] também mostrou uma maior prevalência de úlceras da córnea infectadas em doentes de origem rural.

Sabe-se que as úlceras da córnea ocorrem na sequência de traumatismos da córnea que podem ser lesões agrícolas ou acidentais, lesões térmicas, partículas de ferro, pedras, etc,

Neste estudo, o traumatismo ocular foi o fator predisponente mais importante. Foi registada uma história definitiva de lesão corneana anterior em 41,23% dos doentes, o que estava de acordo com os estudos de Gopinathan et al 2OO2,[1301] e Barak Samar K et al 2005.[11 ◦1] Nos seus estudos, a história de trauma ocular foi registada em 54,5% e 83% dos doentes, respetivamente. Os estudos realizados no estrangeiro por Norina TJetal 2OO8,[11081] e Laspinal Fetal, 2OO4,[11091] também revelaram uma história de traumatismo ocular em 62% e 50% dos seus doentes.

Ao estudar os diferentes agentes de trauma, tais como pó de arroz, pó de madeira, etc., 15 casos (37,5%) foram associados a história de lesão por matéria vegetal, o que se correlaciona com o estudo de Bhasak Samar K et al, 2OO5,[1101] segundo o qual 59,6% dos doentes tiveram lesão da córnea com matéria vegetativa.

As observações acima mostram claramente que nos países em desenvolvimento, onde o trabalho agrícola é mais comum, o traumatismo ocular induzido por matéria vegetal é a principal causa de ulceração infecciosa da córnea.

Considerando a variação sazonal da ceratite micótica, é mais comum durante a estação quente, seca e ventosa.

A incidência de ulceração fúngica da córnea é maior durante este período. 47,5% das amostras colhidas durante esse período no presente estudo são apresentadas no gráfico principal. A incidência sazonal de queratite micótica está correlacionada com o relatório de Liesegang *et al,*[1461] , uma vez que a incidência de queratite micótica foi mais elevada durante a estação quente, seca e ventosa (51,67%) do que durante a estação das chuvas (31,67%).

A úlcera fúngica da córnea também resulta de uma sequela de determinadas operações, como a cirurgia às cataratas ou a queratoplastia penetrante, ou mesmo após o uso de lentes de contacto. Ainbinder ,DJ, Parmley VC ,et al 1998[й] documentaram a úlcera fúngica da córnea após ceratoplastia penetrante. Certas doenças em que os doentes estão imunologicamente comprometidos, como a diabetes mellitus, a doença de Hansen, a paralisia de Bell, etc., também predispõem à ulceração da córnea. A aplicação local de esteróides, antimicrobianos ou medicamentos nativos também pode predispor à infeção da córnea, levando à ulceração. Neste estudo, 10,5% dos casos apresentavam história de uso prévio de antifúngicos / esteróides e 7,2% de úlcera pós-operatória de Hancen, o que se correlaciona com o estudo de Sood *etal.*[82]

De acordo com este estudo, os agentes etiológicos foram isolados em 97 (60,6%) amostras. Estas observações foram semelhantes às do estudo de Basak Samar *et al* em 2005[1101] que revelou 62,7% de crescimento fúngico e o estudo de Khanal B *et al* em 2005[11051] efectuado no Nepal revelou 42,7% de crescimento positivo para fungos.

Em contraste, o estudo efectuado por Norina T J *et al* em 2008[110sl] na Malásia revelou apenas 13,8% e Laspia F *et al* em 2004[11091] no Peraguai, relataram 26% de crescimento fúngico isolado de doentes com úlcera da córnea. As observações deste estudo mostram claramente que a úlcera fúngica da córnea é mais comum nos países em desenvolvimento e tem uma ampla gama de variações geográficas.

Entre os isolados fúngicos deste estudo, 58 (59,7%) eram Aspergillus spp, seguidos de Penicillum spp 16 (16,49%) e Fusarium spp 10 (10,3%) e os restantes 13 (13,4%) isolados eram Curvularia spp, Acremonium spp. Candida spp. É evidente no nosso estudo que o Aspegillus spp foi, de longe, o fungo filamentoso mais comum a causar úlcera da córnea.

O papel dominante das espécies de Aspergillus na úlcera da córnea foi registado nos estudos de Basak Samar K *et al* em 2005 e Khanal B *et al* em 2005.[11051] Nos seus estudos, o agente patogénico mais comum foi a espécie Aspergillus seguida da espécie Fusarium. Zimmerman E.L *et al* referiram que o Aspregillus era o isolado mais comum na úlcera da córnea.[11031]

No estudo de Lixen *et al.* em 2006[11111] e Prashant *et al.* em 2007,[11121], verificou-se que as espécies de Fusarium eram os fungos mais frequentemente isolados. Neste estudo, o Fusarium foi isolado apenas em 10,3% das amostras, ao contrário do Aspergillus spp. Este facto pode ser explicado por diferenças no clima e no ambiente natural.

No presente estudo, as espécies de Acremonium foram isoladas em 3,09% das amostras, o que foi mais próximo do estudo de Chander K *et al* em 1994,[11061] onde as espécies de Acremonium representaram 6,6% dos isolados.

Na avaliação dos testes de rastreio para o diagnóstico rápido de agentes etilógicos em úlceras infecciosas da córnea, foi analisado o exame de coloração de gram em montagem de hidróxido de potássio (KOH) a 10% das raspagens da córnea.

O exame com KOH a 10% mostrou uma sensibilidade de 96,9% e uma especificidade de 96,8%. Este facto está correlacionado com o estudo de Vajpayee R B et al 1993, "[11] que revelou uma sensibilidade de 94,3% do exame de montagem em KOH a 10%. Bharathi M J et al, 2007,[191] relatou uma sensibilidade de 99% e uma taxa de falsos positivos de 1,5% da preparação de KOH em montagem húmida. A taxa de falsos positivos do esfregaço de KOH no presente estudo foi de 1,4%. Embora a cultura de agentes patogénicos microbianos seja considerada a norma de ouro, a avaliação microscópica direta do esfregaço fornece informações imediatas sobre os agentes etiológicos e ajuda a iniciar precocemente a terapia microbiana.

No presente estudo, a suscetibilidade antifúngica foi realizada para a anfotericina B, o itraconazol e o fluconazol através do método de difusão em disco, do método de diluição em ágar e do método de microdiluição em caldo (directrizes CLSI).

Observou-se que 40,7% dos isolados de Aspergillus fumigatus, 66% de Aspergillus flavus, 76% de Aspergillus niger e 56% de espécies de Penicillium eram sensíveis à Anfotericina B pelo método de difusão em disco. 70% de Asp.fumigatus, 83% de Asp.flavus, 92% de Asp.niger, 93% de Penicillium spp, 70% de Fusarium foram sensíveis ao Itraconazol. 75% das espécies de Candida foram sensíveis ao Fluconazol.

CIM de Ampotericina B pelo método de diluição em Agar, 39/58 (67,2%) espécies de Aspergillus apresentaram CIM inferior a 2µg/ml. Entre as espécies de Aspergillus, Asp.flavus e Asp.niger apresentam uma gama de sensibilidade elevada em comparação com Asp.fumigatus. As espécies de Penicillium apresentam CIM inferior a 2 µg em 62,5% (10/16) dos isolados. As espécies de Curvularia apresentam uma sensibilidade de 66% (4/6) e as espécies de

Acremonium apresentam um intervalo de sensibilidade de 100% para a ampotericina B. Num estudo realizado por Therese K. *et al.*, 86% das espécies de Aspergillus foram sensíveis à anfotericina B e 6,4% foram resistentes.[1961]

CIM de Itraconazol pelo método de diluição em Agar, os isolados mostraram alta faixa de sensibilidade em comparação com a Ampotericina B. 82% (47/58) das espécies de Aspergillus, 90% (9/10) das espécies de Fusarium mostram menos de 2µg/ml de valor de CIM para Itraconazol. As espécies Penicillium, Curvularia e Acremonium apresentam 100% de sensibilidade ao Itraconazol. Ray A em 2002[1811] estudou a eficácia do Itraconazol mostra uma taxa de sucesso de 80% da terapia com itraconazol em espécies de Aspergillus.

A determinação da CIM pelo método de microdiluição em caldo também mostra o intervalo de CIM comparável ao método de diluição em ágar. 70% das espécies de Aspergillus, 75% das espécies de Penicillium, 66% das espécies de Fusarium apresentam uma gama sensível de CIM à Ampotericina B. Para o Itraconazol, 79% (46/58) das espécies de Aspergillus apresentam CIM inferior a 2µg/ml. Foi observado um intervalo de sensibilidade de 100% nas espécies Penicillium, Curvularia e Acremonium. Foi observada uma boa correlação entre o método de diluição em ágar e o método de microdiluição em caldo. Resultados obtidos por Asit R. Banerjee *et al* em 2001[й] com sensibilidade ao Itraconazol para espécies de Aspergillus, Penicillium e Fusarium mostra 77% de sensibilidade e 23% não responderam bem ao tratamento, entre os quais 27% de resistência mostrada por espécies de Fusarium. Observou-se uma boa correlação entre o método de diluição em ágar e o método de microdiluição em caldo.

RESUMO

- No total, foram estudadas em pormenor 160 úlceras infecciosas da córnea. Os agentes etiológicos foram isolados em 97 (60,6%) casos. A maioria dos isolados eram agentes fúngicos pertencentes ao género Aspergillus (59,79%), seguidos de espécies de Penicillium (16,49%) e Fusarium spp (10,3%).

- A preponderância do sexo masculino foi observada (64,21%) neste estudo.

- O grupo etário mais frequentemente afetado situa-se entre os 51 e os 60 anos (41,2%).

- A incidência de úlcera infecciosa da córnea foi maior na população rural do que na população urbana.

- O traumatismo com matéria vegetativa foi o fator predisponente mais comum (37,5%)

no desenvolvimento de úlceras fúngicas infecciosas da córnea.

- 10% de KOH revelaram-se altamente sensíveis como testes rápidos de rastreio para o diagnóstico de fungos úlceras da córnea com sensibilidade de 96,9%. A sensibilidade da montagem em KOH a 10% está correlacionada com o relatório de cultura.

- Espécies de Aspergillus mais comummente isoladas de doentes com úlceras da córnea (59,7%)

- 90% dos isolados fúngicos foram sensíveis ao Itraconazol. 43% dos isolados foram sensíveis a Anfotericina B. 95% dos isolados fúngicos eram resistentes ao Fluconazol por difusão em disco método.

- No total, 63,9% dos isolados apresentam sensibilidade à anfotericina B e 83,5% dos isolados apresentam sensibilidade ao itraconazol no método de diluição em ágar.

- No método de microdiluição em caldo, 67% dos isolados apresentam sensibilidade à anfotericina B e 82,47% dos isolados apresentam sensibilidade ao Itraconazol

CAPÍTULO 8

CONCLUSÃO

As conclusões do presente estudo sobre a etiopatogénese das úlceras da córnea são as seguintes

- As úlceras da córnea são mais comuns durante a 5th década de vida.
- A incidência global de úlceras da córnea é mais comum nos homens do que nas mulheres.
- A incidência de úlcera da córnea é elevada no meio rural.
- Uma variedade de isolados de fungos pode causar ulceração infecciosa da córnea.
- Entre os isolados fúngicos, as espécies de Aspergillus foram os fungos mais comuns causadores de úlcera da córnea.
- Entre os vários factores predisponentes, os traumatismos (agrícolas, acidentais e outros) desempenham um papel importante na produção de ulcerações da córnea.
- A microscopia e a cultura (padrão de ouro) devem ser a regra em todos os casos de investigação laboratorial de úlceras da córnea.
- As estações do ano também influenciam o tipo de infeção nas úlceras da córnea, sendo as infecções fúngicas predominantes durante as estações quentes e secas.
- Os medicamentos nativos, como a pasta de açafrão-da-terra em pó e os óleos, podem estar contaminados com agentes patogénicos da córnea que são provavelmente resistentes a alguns antifúngicos, pelo que a sua aplicação após um traumatismo acidental ou uma cirurgia ocular deve ser evitada pelo público.
- Uma vez que os agentes etiológicos capazes de produzir úlceras da córnea são bastante variáveis e a aplicação inadequada ou desnecessária de medicamentos pode levar a lesões progressivas, à perda de visão e ao aparecimento de estirpes resistentes.
- A identificação exacta dos organismos causadores e a instituição atempada de uma terapia fúngica adequada, com base no padrão de sensibilidade prevalecente dos isolados fúngicos, pode salvar o olho desta causa evitável de cegueira.
- A educação nos meios de comunicação social e a sensibilização audiovisual do público devem ser levadas a cabo no que respeita à "visão e vulnerabilidade à infeção".

BIBILIOGRAFIA

1. Anita Panda, Madan Mohan, G Mukherjee ; Mycotic keratitis in indian patients; Dr. Rajendra Prasad Centre for Ophthalmic Sciences, AIIMS, Ansari Nagar, New Delhi, India; Indian journal of Micro & Pathology.

2. Ainbinder ,D J, Parmley V C ,et al 1998 .Crystalline keratopathy caused by fungal infection. American Journal of Opthal 125; 723-725.

3. Agarwal .V, Biswas. J, et al . Perspetiva atual da ceratite infecciosa. Revista indiana de oftalmologia 1994; 42;171-91

4. Albert P. Ley, Infecções fúngicas experimentais da córnea

5. Asit R, Banerjee ; Regional Institute of Ophthalmology, Govt Medical College, Calcutá, Índia ; Efficacy of topical and systemic itraconazole as a broad-spectrum antifungal agent in mycotic corneal ulcer. Um estudo preliminarIndianjournal of Ophthal 2001; vol 49; Iissue 3; pg 173-6.

6. Bailey & Scott's Diagnostic Microbiology 12th edi. Cultura em microslide; procedimento 50-4; pg 706.

7. Bharathi M J, Ramakrishnan R,S, et al. Epidemiology of Bacterial keratitis in a referral center in South India. IJMM 2003; 21; 239-245.

8. Princípios básicos no tratamento da queratite bacteriana. 1992; Jornal da Sociedade de Oftalmologia do Estado de Kerala.

9. Bharathi M J, Ramakrishna R, Meenakshi R, et al. Microbiological Diagnosis of Infective keratitis.Comparative evaluation of direct microscopy and culture results. British Journal of Opthalmol 2006; 90; 1271-76.

10. Basak Samar K, Basak Sukumar, Mohantha Ayan et al. Diagnóstico epidemiológico e microbiológico da

queratite supurativa em Gangetic West Bengal, Índia Oriental; córnea 2005; 53; 17-22.

11. Chowdary A, Singh K, Spectrum of fungal keratitis in Northern India; Cornea2005; 24, 8 -15.

12. Chowdhary, Anuradha MD Spectrum of Fungal Keratitis in North India;Cornea; Jan 2005; Vol 24 ; Issue 1; pp 8-15.

13. Claudia- Schabereiter, Gurtner, Brigitte selit, Manfied L Rotter et al, Developement of novel real time PCR assay for detection and differentiation of eleven medically important Aspergillus and candida species in clinical specimens. Journal of Clinical Microbiology 2007; 45; 906 -14 .

14. Cuenca-Estrella M, Rodrigue-Tudela J L, Present status of the detection of antifungal resistance; The perspective from both side of ocean .Clinical Microbiology and Infectious disease 2001; 7 ; 46 - 53.

15. Clinical Laboratory Standards Institute (CLSI) 2002. Método de referência para o teste de suscetibilidade antifúngica em diluição em caldo de fungos filamentosos. Norma aprovada. Documento M38-A do NCCLS. Comité nacional para as normas de laboratório clínico, Waynee, Pa, EUA.

16. Datta L.C. et al. Estudo da queratite fúngica. Indian Journal of Ophthal 1981; 29; 407-9

17. Donald Armstrong , Jonathan Cohen; Infectious diseases voll; sec2; chapterlO; 2/11; 3 -11.

18. Dart J.K.G. Predisposing factors in Microbial keratitis, the significance of contact lens wear . British journal of opthalmol; 198; 72; 926 - 930.

19. Dart J K , Stapleton F , Minassion . Lentes de contacto e outros factores de risco na queratite microbiana. Lancet 1991; 338; 1146-1147.

20. Denis , M. O'Day et al., Laboratory isolation technigues in human and experimental fungal infections . American Journal of Ophthal 1979; 87; 688-93

21. Enrique Malbran, Samuvel Boyd, Leonardo D, Alessandro. Abordagem atual da queratite fúngica. Destaques de Oftalmologia 2005; 33; 15-17.

22. Elmer Koneman , Stephen Allen, William Janda, Colour atlas and textbook of Diagnostic Microbiologia 6th edição 2006; Apêndice 11;1171-1174.

23. Emnons C W, Binford C H, Kwon-chung K J,.Medical Mycology.

24. Elias K manavathu, George G Alangaden, Stephen A Lerner. Um estudo comparativo das técnicas de micro e macrodiluição em caldo para a determinação da suscetibilidade invitro de Aspergillus fumigatus .Canada journal ofMicrobilogy 1996; 42; 960-964.

25. Elizabeth J. Cohen management of corneal ulcers Ophthalmic Annual 1985

26. Ernst E J, Investigational antifungal agents .Pharmacotherapy 2001; 21; 165-174.

27. Gilbert Smolin , Richard .A . Toft .The cornea, 2nd edition.

28. Graysons diseases of cornea 4th edition 1997; chapter 10; p211-218.

29. Guganatham. N. et al .Mycotic corneal ulcer a therapeutic trial. Jornal da MSOA.1988;26(1): 21 -24

30. Gopinathan, Usha, Garg et al.The Epidemiological features and Laboratory results of fungal keratitis.A 10 year review at a Refferal eye care center in south India.cornea 2002;21 ;555 - 559

31. Gaudio, P A, U Gopinathan, V Sangwan, T E Hughes Yale Eye Center, New Haven, CT, EUA LV PrasaEyeInstitute, Hyderabad, Índia Br J Ophthalmol 2002; 86; 755-760

32. George N. Chin et al . Keratomycosis in Wisconsin . American Journal of Ophthal. 1975; 79; No.1; 432-7

33. Halder K.K., et al Fungal corneal ulcer. International Ophthalmic clinics. 1984; 24(2)

34. Hogen L.H, Kiein B.S, Levitz S.M ; Factores de virulência de fungos de importância médica. Clin Microbiol review 1996; 9; 469

35. Inoue T, Inoue Y, Asari S Utilidade do Etest na escolha de agentes adequados para o tratamento da queratite fúngica

Departamento de Oftalmologia, Faculdade de Medicina da Universidade de Osaka, Suita, Osaka, Japão Córnea 2001;

20; 607-9.

36. Jagdish Chander , Textbook of medical microbiology, 2nd edition 2002, chapter 28,310 -320 .

37. Jagadish Chandar, Textbook of medical microbiology, 3rd edition chap27; pg;402

38. Jagadish Chandar, Textbook of medical microbiology, 3rd edition pg;401 ; Quadro 27.1

39. Jayahar bharathi M et al 2002 Dept of Micro , Dept of cornea Arvind eye Hospital , PG dept of Micro Sri Paramakalyani college , Tirunelveli; A retrospective study of all culture proven keratitis 3 year study sep 99 - aug 02

40. Jagadish chandar et al, Dept of Medical Micro & ophthal PGI Chandigarh IJMM 1993 , 11(3), 218222

41. Khalid . F . Tabbara et al. Infecções do olho . 1ª edição.

42. Koneman, E.W., e G. D. Roberts. 1985. Practical laboratory mycology, 3ª ed., p. 64-65. The Williams & Wilkins Co., Baltimore.

43. Kanungo R, Srinivasan R e Rao RS 1991: coloração com laranja de acridina no diagnóstico precoce da queratite microbiana. Ata.opth.Copenhaga, 69, 750-753.

44. Kaufman HE e Wood RM, Mycotic keratitis, American Journal of Opthalmology 1965; 59; 993 - 1000.

45. Leibowitz Bacterial keratitis , capítulo 28, página 613

46. Liesegang .T.J e Forster R.K Spectrum of microbial keratitis in south florida; American Jour of Ophthal; 1980; 90; 38-47

47. Lisa keay, Katie Edwards ,Thomas Naduvilath etal . Microbial keratitis, predisposing factors and morbidity (Ceratite microbiana, factores predisponentes e morbilidade). Opthalmology 2006, vol 113,(1), 109-116.

48. Leck A K ,Thomas P A , Hagan M et al .Etiologia da úlcera supurativa da córnea no Gana e no Sul da Índia e Epidemiologia da queratite fúngica . Br J Opthalmol2002;86 :1211 - 1215 .

49. Loganathan V.M, et al A study of 30 cases of clinically suspected fungal corneal ulcers . Jornal de

MSOA; 1986; 23(3)

50. Mycotic keratitis a study of coastal Karnataka, Indianjoumal of Opthalmology, 1992; 40(1): 31 -3.

51. Mandell , Douglas and Burnett's principles and practices of infectious diseases, 6ª edição , capítulo 107, p1395 - 1406 .

52. Manikandan P , Baskar M , Revathy R et al . Acanthamoebakeratitis - a 6 year epidemiological review from a tertiary care eye hospital in South India . UMM 2006, 22; 226 - 230.

53. Madan P. Upadhyay et al. Epidemiological characteristics ,predisposing factors and etiologic diagnosis of corneal ulceration in Nepal (Características epidemiológicas, factores predisponentes e diagnóstico etiológico da ulceração da córnea no Nepal). Am . J . Opthalmol .1991;111:92 - 99

54. Madan P, Upadhyay et al, keratitis due to Aspergillus flavus successfully treated with thiabendazole British Journal of Ophthal 1980; 64; 30-32

55. Manish kumar , Nisha kant Mishra , e Praveen K Shukla .Sensitive and rapid polymerase chain reaction based diagnosis of Mycotic keratitis through single stranded confirmation polymorphism

American Journal of 0pthalmology2005 ,140 ,851

56. Mcleod S D . O papel das culturas no tratamento da queratite ulcerosa. Cornea 1997;16:381 -2 .

57. Murray , Manual of Clinical Microbiology,9th edition 2006,volume 2,chapter 131,Antifungal agents and susceptibility test methods,1980.

58. Mohan M , Panda A , Gupta S K .Management of human keratomycosis . Aust.Newzealand 0pthalmol 1985;17:295.

59. Mohan M, Panda A et al úlcera da córnea e ceratoplastia Indian Journal of Ophthalmology 1984; 32; 385-9

60. Narmann G,Green W R et al, Mycotic keratitis.A histopathologic study of 73 cases. Revista Americana de Oftalmologia1967;64;668-682

61. Noopur Gupta,Radhika Tandon.Modalidades de investigação na queratite infecciosa.Indian Journal Opthalmol2008;56 ;209 -213.

62. Namrata kumara *et al* dept of micro, indira Gandhi institute of medical sciences, Patna ;Indian journal ofMico & Path 2002, 45(3) 299-302

63. O'Brien T P.Bacterial keratitis in cornea -cornea and external disease.Clinical diagnosis and management,vol2,1997,chapter94.

64. Park K,Text book ofPreventive and Social medicine,19th edition 2007,chapter6,page 336.

65. Philip A. Thomas et al . Ceratite microbiana, um estudo de 774 casos e revisão da literatura. Jornal da MSOA. 1986;23(3).

66. Philip A. Thomas . Mycotic keratitis, Journal of MSOA 1988,25(2):121-9

67. Pankajalakshmi V. Venugopal et al . Mycotic keratitis in Madras . Indian Journal of

pathologyMicrobiology .1989;32(3):190 - 197

68. Pfaller M.A., e Barry A.L 1994 Avaliação de um novo método colorimérico de suscetibilidade antifúngica Clini North America 32, 1992-6

69. PRASAD R Growing limbal stem cells without using human scaffold Vision research foundation, Chennai Courtesy The Hindu, 3Oth July 2009 Issue

70. Parmar P et al Microbial keratitis at extremes of age Institute of Ophthalmology, Joseph Eye Hospital, Tiruchirapalli, India Cornea 2006; 25:153-8.

71. Rosa RH,Miller D,Alfonsa E C.The changing spectrum of fungal keratitis in South Florida. Opthalmology 1994;101;1005 -1013.

72. Ripponmedicalmycology 1st editionchapter27, p682 -694

73. Radford C F , Minassion D C , Dart J K G ,Acanthamoeba keratitis study group. Acanthamoeba keratitis :Multicenter survey in England 1992 -96 .Br.Journal of ophthalmology 2002,86, 536 - 42.

74. Rasik B,Vajpayee,Namrata Sharma et al.Infectios keratitis following keratoplasty.Survey of Opthalmology 2007;52:1 - 12

75. Raju KV.Bacterialkeratitis.KeralajoumalofOpthalmology,2008.volume 12,chapter77 -83.

76. Rodriguez-tudelal. J. L. e P. Aviles Departamento de Micologia, Madrid, Espanha

Journal of clinical microbiology, nov. 1991,p. 2604-2605

77. Rex J H, Pfaller M A et al, 2001,AFST practical aspects and current challenges. Clin.microbiology review 14,643-58.

78. Método de referência para testes de suscetibilidade antifúngica de fungos filamentosos por diluição em caldo; Norma aprovada; 2nd edição; M38-A2.vol 28; No.16.

79. Método de referência para o método de difusão em disco para testes de suscetibilidade antifúngica de fungos filamentosos; norma aprovada; M51-A.

80. Ramani R e Chaturvedi V 2000 teste de suscetibilidade antifúngica por citometria de fluxo Antimicro agents chemother 44,2752-8

81. Ray A. Efficacy of topical and systemic itraconazole as a broad-spectrum antifungal agent in mycotic corneal ulcer. Um estudo preliminar. Indian J Ophthalmol Year 2002 vol 50 issue 1 pg 70

82. Sood et al. Úlceras de Hypopyon I,II,III. Orient Arch . Opthalmology . 1968;6:93 - 114.

83. Queratite supurativa . Jornal de Oftalmologia da Ásia-Pacífico .1989; Volume1

84. Savithri Sharma .et al . Agentes etiológicos pouco frequentes das úlceras da córnea. Jornal de MSOA . 1989;26(32):19 - 21

85. Sjakin . G. Thahija et al . Corneal ulceration,have we advanced in the last 20 years International Opthalmology clinics . 1990;30(91).

86. Srinivasan M, Gonzales CA, George C et al. Diagnóstico epidemiológico e etiológico da ulceração da córnea em Madurai, no sul da Índia British Journal of Ophthalmology1997;81(11):965-967

87. Seng -ei ti, Angus Scott J ,Prathibajanarthananan e Donald T H Tan .Therapeutic keratoplasty for advanced suppurative keratitis .Am J Opthalmol 2007;143:755 -762.

88. Srinivasan .R. Kanungo, R e Goyal .J.L 1991 Spectrum of oculomycosis in south india . Ata Ophthal 69; 744-9

89. Sitalakshmi G et al 2009 Cultivo ex vivo de células epiteliais limbais da córnea num polímero termorreversível (Mebiol Gel) e seu transplante Departamento de Córnea, Vision Research Foundation, Chennai, Índia.PMID: 18724830

90. Thomas . J Liesegang et al . Spectrum of microbial keratitis in South Florida. Am J Opthalmol 1980;90:38- 47

91. Thomas P A , Kuriokose T , Kirupashankar M P et al . Utilização de montagens em azul de algodão com lactofenol de raspagens da córnea como auxílio ao diagnóstico de queratite micótica. Diagnosis of Microbiol Infect disease; 1991;14;219 - 224

92. Silverberg M , Mehta P Sharm et al. Early diagnosis of Mycotic keratitis. Valor preditivo da preparação de hidróxido de potássio. Ind Jour Opthalmol1998;46 ;31 - 35.

93. Thomas P A ,Mycotic keratitis , an underestimated mycoses .Ind Jour Med Vet Mycology 1994;32,235 - 256

94. Thomas, PA Institute of Ophthalmology, Joseph Eye Hospital, Tiruchirapalli Apresentado no Simpósio Oftalmológico de Cambridge, 4-6 de setembro de 2002.

95. Taschdjian, C. L. 1954. Técnica simplificada para o cultivo de fungos em cultura de lâminas. Mycologia 46:681-3

96. Therese K et al Teste de suscetibilidade in vitro pelo método de diluição em ágar para determinar as

concentrações inibitórias mínimas de anfotericina B, fluconazol e cetoconazol contra isolados fúngicos oculares Indian Journal of Medical Microbiology , 2006.

97. Teiller R Krajden M., 1992 sistema de determinação do ponto final do teste de suscetibilidade antifúngica Antimicro agents chemother 36,1619-25.

98. Upadhyay M P, Karmacharya P C, Koirala S et al.Características epidemiológicas, factores predisponentes e diagnóstico etiológico da ulceração da córnea no Nepal. Ameican Jour Ophthal 1991;11 :92 - 99.

99. Vajpayee R B , Angra SK , Sandramoouli S et al .Laboratory diagnosis of keratomycosis . Avaliação comparativa dos resultados da microscopia direta e da cultura. American Jour Opthalmol 1993;25 ;68 - 71

100. Verenkar, MP Shubhangi B, MJW Pinto, N Pradeep Department of Microbiology and opthalmology, Goa Medical College, Bambolim Goa 403 202, IJMM 1998 vol 16, issue 2 pg 58-60.

101. Xie L et al Spectrum of fungal keratitis in north China. ophthalmology. 2006 Nov;113(11):1943-8. Epub 2006 Aug 28.

102. Zhonghua YanKe Za Zhi ;Diagnóstico clínico de ceratite fúngica por microscopia confocal 1999; 35: 7-9, vol.3 Instituto de Oftalmologia, Academia de Ciências Médicas de Shandong, Qingdao 266071

103. Zimmerman, E.L. 1962, Mycotic keratitis. Lab Investigations. *2:* 1151

104. Geetha Kashyap Vemugathy, Prasanth Garg, Usha Gopinathan et al . Evaluation of agent and Host factors in progression of mycotic Keratitis (Avaliação dos factores do agente e do hospedeiro na progressão da queratite micótica). Ophthalmology 2002; 109; 1538-46.

105. Khanal B, Deb M Panda A et al Diagnóstico laboratorial da queratite ulcerosa. Revista Internacional de Oftalmologia Experimental e Clínica; 2005; vol 37; No.3; 123-7.

106. Chander J, Sharma A, Prevalence of fungal corneal ulcer in Northern India; Infection 1994; 22;207-9

107. Kotttigaddae Subbannanyya , ballal Mamatha, Jyothirlatha et al, Mycotic keratitis; Indian Journal of

Ophthal; 1992; 40; 31-3

108. Norina T J, Raihan S, Bakiah S et al , Micrbial keratitis, Aetiological diagnosis and clinical features em doentes internados no hospital Universiti Sains Malaysia. Singapore Med J 2008; 49; 67-71

109. Laspina F , SamudiaM, Cibilis D et al . Características epidemiológicas do resultado microbiológico em pacientes com úlceras infecciosas da córnea. Graefes Arch Clin Exp Ophthal; 2004; 24; 204-9.

110. PoriaV.C, et al, Study of mycotic keratitis. Indianjour Ophthal 1985; 33; 229-31.

111. Lixin Xie , Wenxian Zhong, Weiyun Shi, Shiying Sun, Spectrum of fungal keratitis in Norht China. Ophthalmology 2006; 113; 1943-8.

112. Prashant Garg, Usha Gopinathan , Kushal Choudry et al , Keratomycosis . Experiência clínica e microbiológica com fungos demáceos. Ophthalmology 2007; 107; 574-80.

113. Tenure M.A, Cohen F.J, Sudesh S et al Spectrum of fungal keratitis in Willes eye hospital , Philadelphia, Pennsylvania. Cornea2000; 19(3); 307-12.

114. Topley & Wilson Textbook ofMycology, 10th edi; capítulo 16;

115. Makie & McCartney , Practical medical microbiology ; 14.ª edição; 2007 ; capítulo 41.

116. Bailey & Scott's Diagnostic Microbiology 12th edi. 2007capítulo 50. Tabela 50-5, pág. 641.

117. Jagdish Chander, Textbook of medical microbiology, 3rd edition 2009, chapter 27, pg. 402.

118. Textbook of medical microbiology ,Jagdish Chander ,3rd edition 2009, chapter 27, pg. 402.

119. Coleman, R.M. e Kaufman, L 1972 . Utilização do teste de imunodifusão no diagnóstico de Aspergilllus . Applied Microbiology, 23, 301-8

120. Marier ,R., Smith,W et al 1979. A solid phase radioimmunoassay for detection of antibody . Journal of Infectiousdisease, 140,771-9.

121. Talbot, G.H., Weiner,M.H.,et al 1987. Validação do radioimunoensaio do antigénio de Aspergillus. Journal of Infectious disease,155,12-27.

122. Sabetta, J.R., Miniter, P e Andriole, V.T., 1985. Enzyme limked immunosorbant assay for circulating antigen. Journal of Infectious disease,152,946-53.

123. Murray ,P.R., e Baron,E.J et al. Manual of clinical Microbiology, 8th edition, Washington. ASM press 449-54.

GRÁFICOS

Total no of cases
Culture + ve
KOH +ve
160
140
120
100
80
60
40
20
0
Total no. of cases
Total no of cases (95)
Culture + ve (61)
KOH +ve (62)
Total no of cases (65)
Culture + ve (36)
KOH +ve (34)
Male
Female
Gender distribution with Culture & KOH

Distribution of cases with Age (yrs)
60
50
40
30
20
10
0
No. of Cases
6
2
1
17
4
2
26
11
4
43
17
10
50
24
16
18
5
3
Total
Male
Female
<10
11-20yrs
21-30yrs
31-40yrs
41-50yrs
51-60yrs
>60yrs
Age in Years

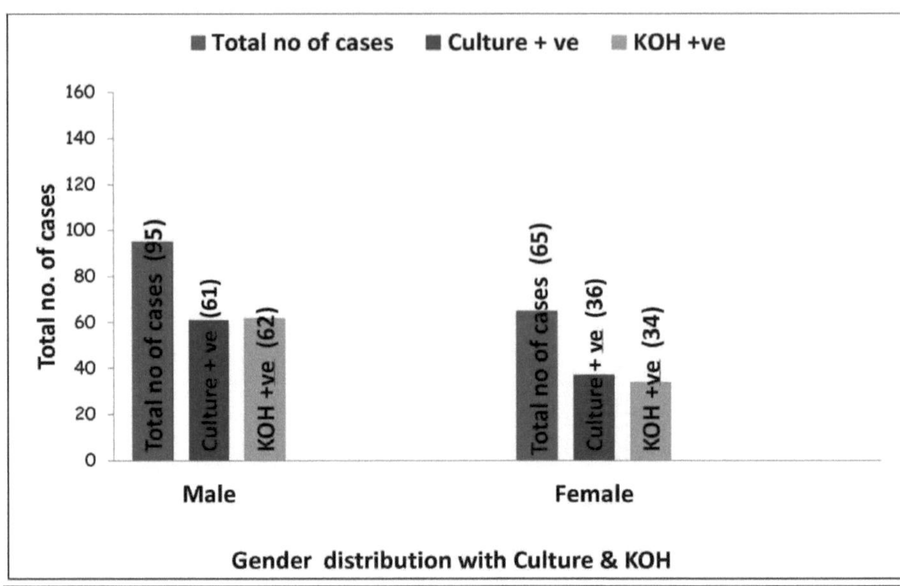

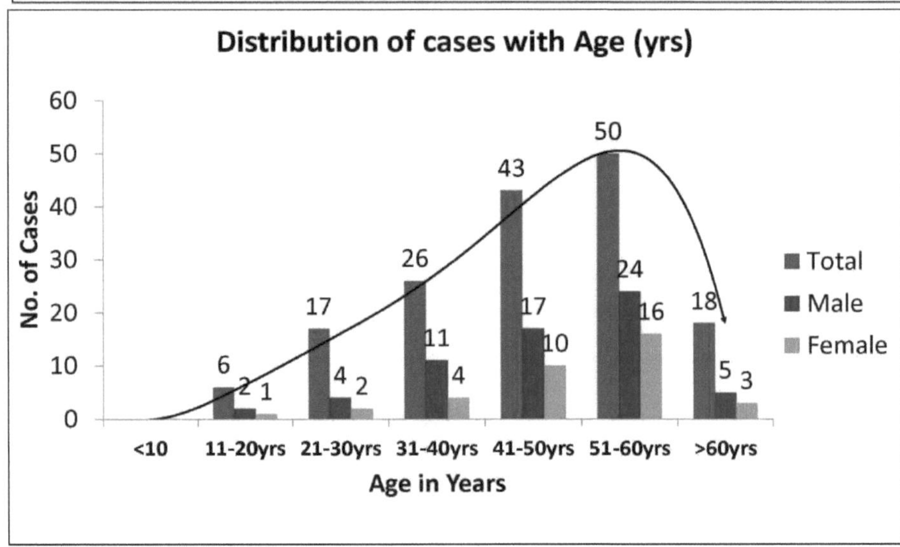

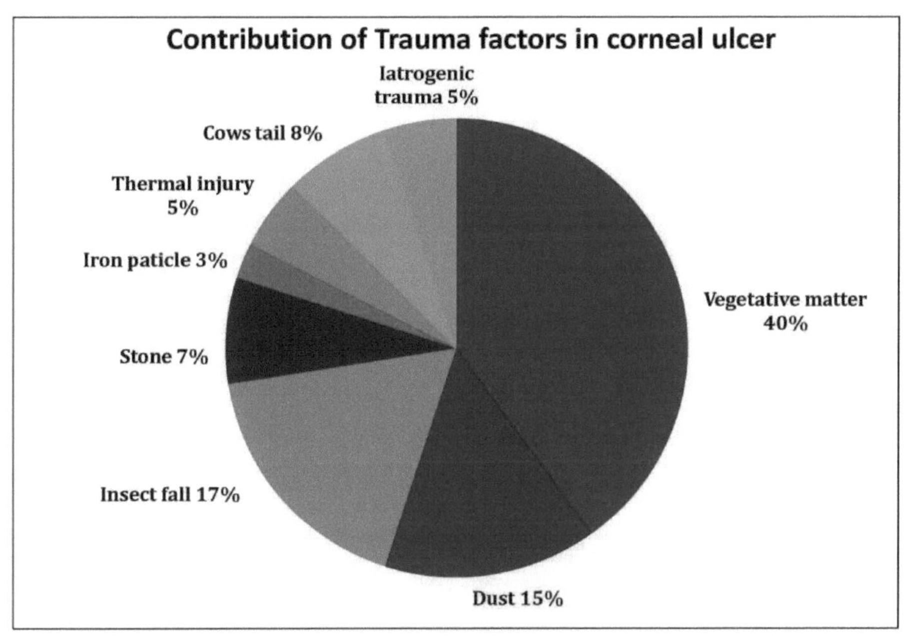
Contribution of Trauma factors in corneal ulcer
Iatrogenic trauma 5%
Cows tail 8%
Thermal injury 5%
Iron paticle 3%
Stone 7%
Insect fall 17%
Dust 15%
Vegetative matter 40%

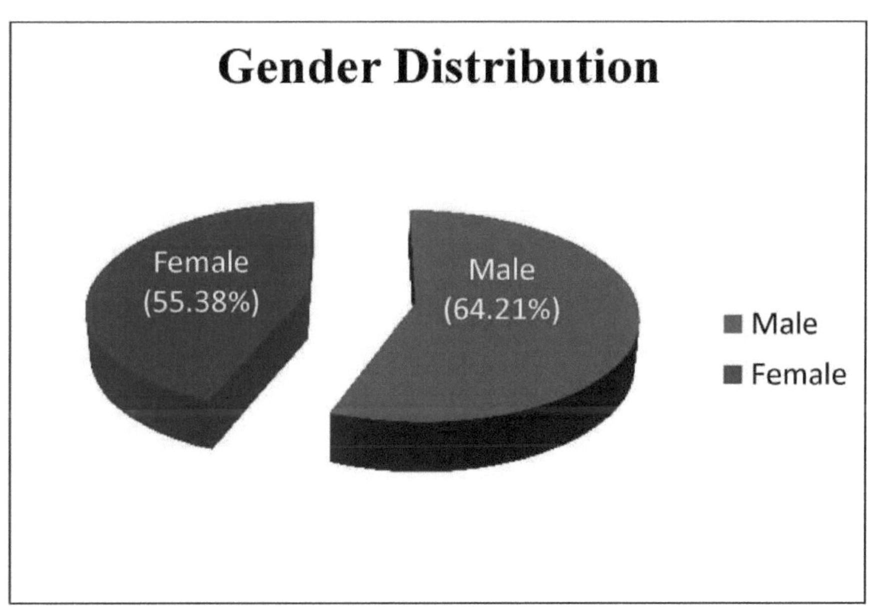
Gender Distribution
Female (55.38%)
Male (64.21%)
Male
Female

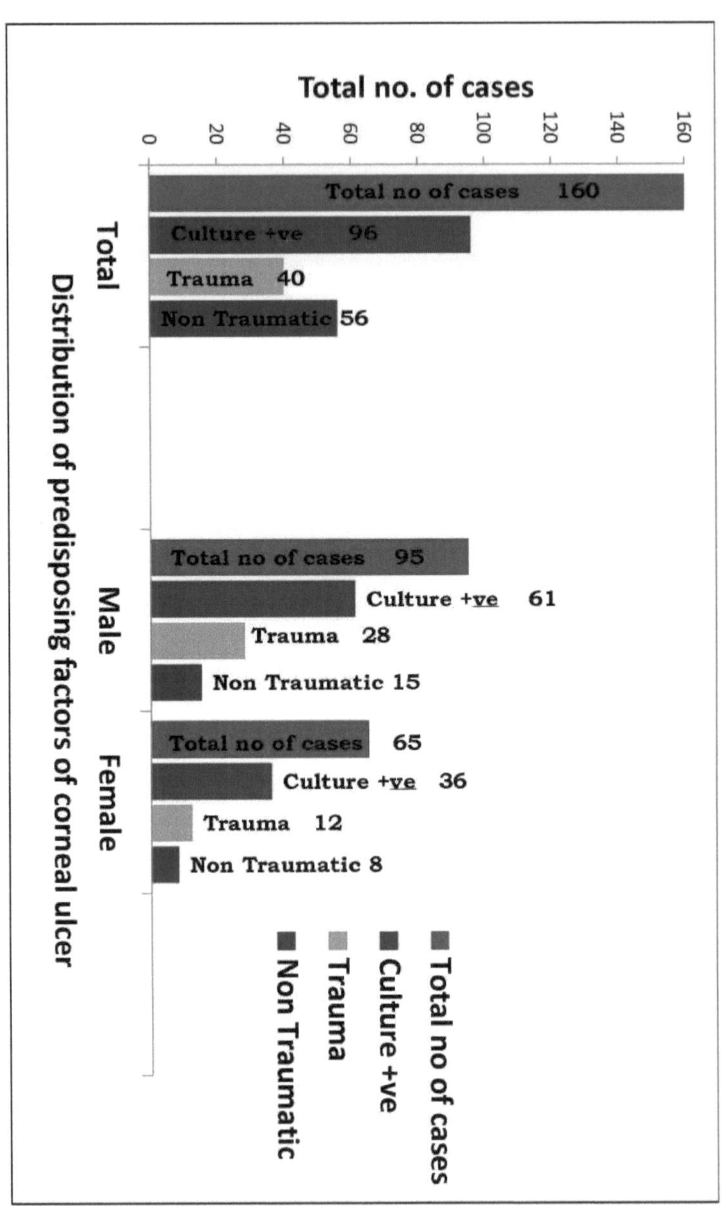

Distribution of predisposing factors of corneal ulcer

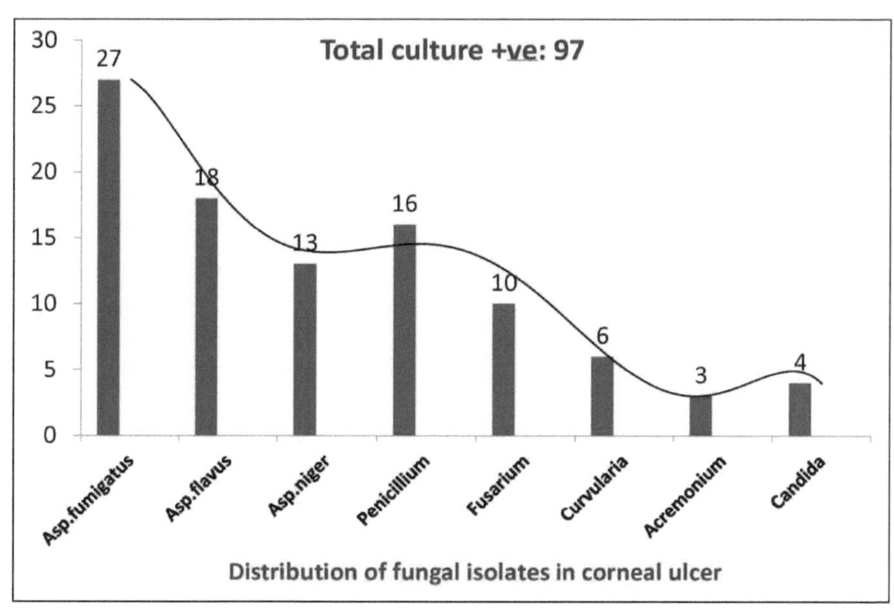

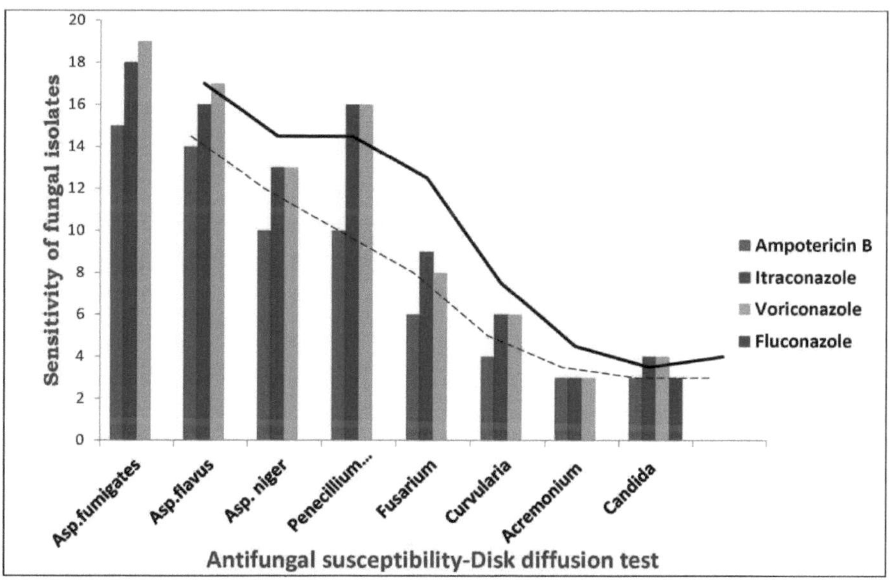

——— Itraconazole   – – – – Ampotericin B

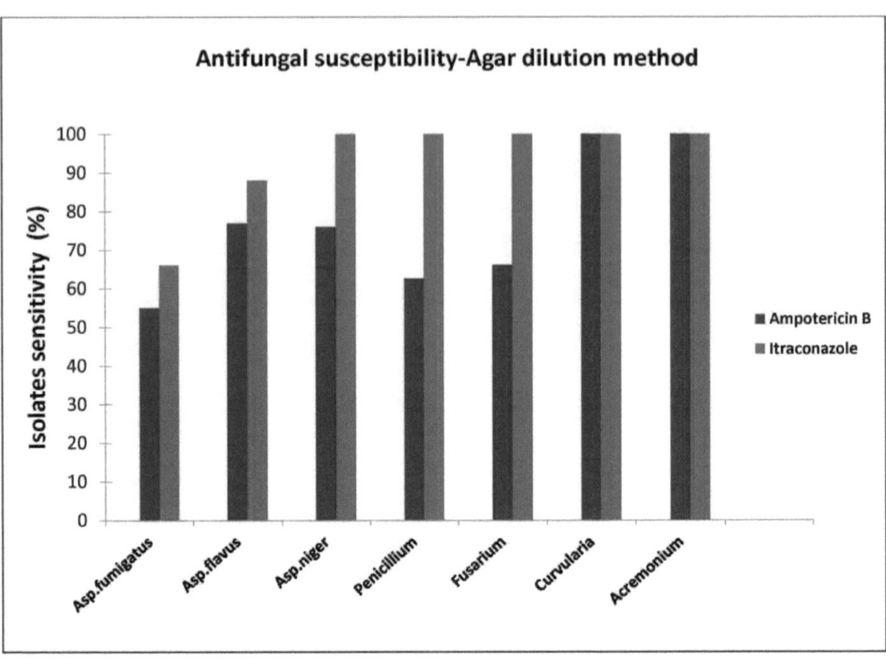
Antifungal susceptibility-Agar dilution method
Isolates sensitivity (%)
100
90
80
70
60
50
40
30
20
10
0
Asp.fumigatus
Asp.flavus
Asp.niger
Penicillium
Fusarium
Curvularia
Acremonium
Ampotericin B
Itraconazole

yes

I want morebooks!

Buy your books fast and straightforward online - at one of world's fastest growing online book stores! Environmentally sound due to Print-on-Demand technologies.

Buy your books online at
www.morebooks.shop

Compre os seus livros mais rápido e diretamente na internet, em uma das livrarias on-line com o maior crescimento no mundo! Produção que protege o meio ambiente através das tecnologias de impressão sob demanda.

Compre os seus livros on-line em
www.morebooks.shop

info@omniscriptum.com
www.omniscriptum.com

Printed by Books on Demand GmbH, Norderstedt / Germany